suncolor

有效人生 OKR

無痛突破職涯瓶頸，
掌握自我、夢想、未來的最強工作術

姚瓊——著

suncolor
三采文化

目錄
CONTENTS

Chapter 1
揭開OKR的盧山真面目

Chapter 2
優化團隊、帶動創新就靠OKR

提升個人競爭力就靠OKR

突破職涯瓶頸就靠OKR

實現幸福人生就靠OKR

栽培優秀孩子就靠OKR

推薦序

聚焦小目標，成就大夢想！

明道雲創始人任向暉

　　姚瓊老師有一個個人OKR——成為中國最有影響力的OKR布道者。我相信和她有一樣目標的人不在少數，但是她用OKR的方法把這個目標放大又縮小，始終放在心上，全心全意地為它努力。這正是OKR的魅力所在。

　　她將這個目標放大。因為她追求的不是做平常事，不是僅為謀生做諮詢業務，也不是為了滿足一、兩個客戶的需求，她想讓一個好的方法被盡可能多的人知曉和實踐。從更大的人生尺度，她想在世間留下一個有價值的印記。

　　她將這個目標縮小。因為不能把目標停留於空想和空談。她必須食人間煙火，腳踏實地地去做。於是她有了白紙黑字的KR，出書、開設課程、推出線上音訊課程、塑造標竿企業。有了這些具象的東西，目標開始和行動互相結合。於是我在社群中看到，姚老師2019年的忙碌程度令人難以置信。

這個OKR並不是姚瓊老師個人實踐的單一例子，而是她的全部。這是什麼意思呢？一個人的職業生命非常短暫。年過四十，剩下的全是雜音和尾聲。這個時候，如果能夠找到一個簡潔、單純、讓人心無旁騖的目標，絕對是難能可貴的事情。我認識的姚瓊老師，就是這麼一個人。她計畫把所有的職業精力都聚焦在一個點上，這讓她遠遠勝過那些隨波逐流的諮詢顧問。

放大目標的動能，縮小行動的自由，聚焦在單一的方向。這三句話應該能夠很貼切地概括OKR的真諦。

這本《有效人生OKR》的特點在於後半部分。她提煉出了方法的本質，找到了運用的原則，並將其和每個人的個人發展需要結合起來。

OKR在企業界流行之前，個人目標管理並非新鮮的話題。這些目標的確和本書提到的個人發展、家庭生活、子女教育有關，但是無數人制定了目標、喊出了口號，卻又讓目標不了了之，目標和行動之間的距離比太平洋還要寬。這背後的原因其實每個人都心知肚明。OKR透過目標的聚焦、尺規的建立、檢討的習慣，讓半途而廢的機率

充分降低，至少讓當事人知道目標達成失敗是因為哪些行動計畫失效。

　　她在書中也提到，她的長期目標可以概括為「讓一億中國人學會OKR」。一億可不是一個小數字，這意味著受眾必須遠遠超越創業者和經理人的範疇，要涉及那些普通白領、自由職業者、家庭主婦，乃至那些已經退休的耄耋老人。所以，這本書肯定也和她的OKR目標有關。如果沒有清晰目標的牽引，我們既不會想到，也不會做到這樣困難的行動。這本書的出版無疑會讓姚老師個人OKR目標的實現又前進一大步。

　　本書從第三章開始聚焦在連結OKR和個人工作、學習、生活。一路讀下去，你肯定會情不自禁地給自己制定各種目標。在此提醒讀者，有目標並不難，難的事情主要有兩件：一是從眾多看似有價值的目標中找到屬於你的那一個，第二就是將它牢牢地抓在手心，不管難易都不放手。用兩個簡單的字來概括，就是「聚焦」。

　　現在正是翻開目標管理新一頁的時候！

任向暉　2020年2月29日於上海

作者序

OKR不只是工作，
更是一種生活！

　　推廣OKR至今，已經超過五年時間了。我很驕傲能夠成為華人世界第一位OKR布道者和實踐者，幫助企業成長。在推廣OKR期間，我陸續出版了多本與OKR相關的專門書，供公司高管、中層管理者和其他職場人士學習，也輔導了騰訊、字節跳動、京東等上百家企業的OKR落地實施。

　　從一開始研究OKR，我就始終記得美國OKR之父約翰・杜爾說過，他自己不僅用OKR管理工作，也用OKR管理生活，他的目標（O）是提升和女兒們的親密關係，而關鍵結果（KR）就是每週四天必須六點下班陪女兒們吃飯。雖然工作很忙，但是他堅持平衡生活和工作，最終這個OKR完成了70%左右。出身於Google的吳軍老師也用OKR管理生活和工作，寫書、旅遊、理財，統統用OKR來做自我管理。所以從一開始，在輔導企業使用OKR的

同時，我也用OKR管理自己的工作與個人生活。我發現堅持使用OKR後，真的有令人驚喜的收穫 —— 事業蒸蒸日上、生活幸福美滿、專業能力迅速提升。我深深感受到這個方法的好，希望更多的人能學會使用、管理自己，成為更加優秀的人。

　　以下分享我在2019年的兩個OKR，大家如果想知道我完成得如何，可以在書裡找到答案。

表0–1　我2019年的兩個OKR

O1：成為中國最具影響力的OKR教練	O2：大力提升自身專業能力
KR1：2019年出版《OKR使用手冊》	KR1：瀏覽全球管理／績效／OKR相關書籍（每月至少5本）
KR2：每月開設全國公開課，輔導企業超過百家	KR2：參加全球頂尖商學院課程學習（12月）
KR3：推出2~3個影音課程，幫助更多企業	KR3：完成美國ICF（國際教練聯合會）教練相關課程學習（4月）
KR4：透過OKR諮詢業務專案，塑造5家OKR標竿企業	KR4：創作一本OKR生活繪本，推廣OKR

　　我在課堂上輔導企業管理者運用OKR管理公司和團隊目標的同時，也提醒他們可以將OKR運用到生活中，幫助自己提升生活品質，提高家庭幸福指數，提升孩子的學業等等。結果學員的回饋太令我振奮了。他們紛紛表示這是一個非常好的方法，離開教室後都迫不及待地直接運用了。有人用OKR減肥成功，有人用OKR幫助孩子提高學習成績，有人用OKR實現自己多年的人生夢想，他們和我分享成功後的喜悅。本書收錄所有案例都是真的，來自學員們的實踐。在這裡我要感謝這些學員們，你們可以在書裡看見你自己或同班同學的影子。

　　有一天，我在思考如何更好地推廣OKR。因為多年運用OKR，它已經成為我的思維模式。思考的結果是我找到了新的更加宏大的目標（O）：讓全世界的華人學會使用OKR，成為更優秀的自己，而這也是我寫這本書的目的。

　　所以在本書中，我將詳細地為大家介紹何為OKR，如何將OKR運用到生活的各方面。我可以毫不誇張地說，OKR是新的生活方式和理念、一種全新的活法。

　　本書的第一章簡單介紹了OKR的來源，與其他管理工具（如KPI）的區別與關連。透過介紹Google的OKR經驗，讓大家學會OKR的特徵及制定方法。第二章把OKR放到團隊管理上，告訴大家它在團隊協作與創新方面可以發揮的獨特作用。

　　當然，OKR的個人運用也非常重要，所以第三章特別介紹如何運用OKR提升自己的工作效率和執行力，為公司業績做出貢獻，也為自己的能力提升打下基石。第四章則從職涯發展的角度和大家談談從踏入職場到退休，如何在各階段突破瓶頸，塑造輝煌的職場履歷。

　　最後兩章特別著墨在家庭方面。

　　第五章談的是幸福生活，講OKR如何在親情、友情、愛情、婚姻、健康，幫助我們感受幸福。第六章講的是孩子教育，作為一個男大學生的媽媽，我在孩子很小的時候就開始用OKR思維模式培養他。我想分享我的觀點、方法、工具給大家，我想告訴每一位父母，你們的孩子都擁有獨一無二的優勢，好好培養，絕對可以讓孩子擁有一個幸福、成功和充實的人生。

　　最後，希望大家都能用OKR來管理自己的工作和生活。我相信，你一定能夠從本書中受益，因為OKR是最佳的人生管理法。

　　學會OKR工作法和生活法，人人都可以成為行走的OKR！

Chapter

1

揭開OKR的
廬山真面目

最近幾年，OKR風靡全球，作為一種新型的目標管理工具和理念，它越來越受到管理界和各大企業的青睞。然而OKR並非一個全新的概念，其歷史可以追溯至七十多年前。

OKR的長輩們

OKR是英文objectives and key results的縮寫，翻譯成中文為「目標與關鍵結果」，是一套設定目標、追蹤目標完成情況的管理工具、方法和思維模式。

為intel公司前執行長安迪・葛洛夫（Andrew Grove）所創立；由目標（O，objectives）和關鍵結果（KR，key results）兩部分構成。對團隊和個人而言，就是你想要實現的目標，以及具體的實行方法與手段。

▌鼻祖：管理大師彼得・杜拉克

OKR從何而來，又是如何演變至今的呢？

對此，就得提到享譽全球的「現代管理學之父」——彼得・杜拉克（Peter Drucker），他是管理實踐領域最著名也最具影響力的人物之一；1954年，憑藉《管理的實踐》一書，成為管理領域的大師級人物。

他在書中提出了二十世紀最偉大的管理思想MBO（management by objectives），即「目標管理」。他說：「企業管理需要的就是管理原則。此原則能夠讓個人充分發揮特長、擔負責任，凝聚共同的願景和保持一致的努力方向，建立起團隊合作，並能協調個人目標與公眾利益。目標管理與自我控制，正是唯一能達成上述目標的管理原則。」

「目標管理」的出現具有劃時代的意義。而如今，目標管理已成為當代管理學的重要一分子。在杜拉克看來，目標管理的最大貢獻在於：「它能夠使我們用自我控制的管理方式，來代替強制式的管理。」

▍祖父：intel前執行長安迪‧葛洛夫

如果說彼得‧杜拉克是OKR的鼻祖，那麼身為OKR創造者和實踐者的安迪‧葛洛夫，便是OKR的「祖父」。

OKR是安迪‧葛洛夫以目標管理為基礎而創立的，我們可以說，MBO就是OKR的起源，OKR的O就是來自MBO的O。葛洛夫非常崇拜杜拉克，是杜拉克的粉絲。

隨著目標管理在企業中施行，很多企業將注意力集中在少數幾件優先事件上，取得的成就相當令人震撼。然而，目標管理的缺陷也逐漸暴露。安迪‧葛洛夫說：「儘管很多人都很努力地工作，卻沒能取得什麼成就。」基於這一情況，安迪‧葛洛夫不斷思考：如何才能定義、量化知識工作者的產出？如果要增加產出，該怎麼做？

後來，他援引杜拉克的目標管理進行新的管理嘗試，將目標系統命名為iMBOs（「intel的目標管理法」）。安迪‧葛洛夫在《葛洛夫給經理人的第一課：蛋、賣咖啡的早餐店談高效能管理之道》中解釋了他如何創造出OKR：

我要去哪裡？答案就是目標。

我怎麼知道能否達成目標？答案就是關鍵結果。

▌父親：Google投資人約翰‧杜爾

真正成功推廣OKR的人，是Google的董事約翰‧杜爾（John Doerr）。

1999年秋天，約翰在Google董事會發表了一次有關OKR的演講，從此改變Google的管理模式。在矽谷那間位於冰淇淋店樓上的會議室裡，約翰‧杜爾為Google播下OKR的種子，Google也為OKR提供了充足的養分。Google創建至今，已有二十多個年頭。每一季，Google的所有人員都在系統裡提出當季OKR，以說明自己希望達成的工作目標和想要取得的工作成果。

沒有哪家公司實行OKR的效率比Google更高。約翰‧杜爾在《OKR：做最重要的事》一書中說：「當Google遇見OKR，這是完美的組合。」他就像父親一樣，陪伴著OKR成長，還向後來投資的上百家創業公司分享OKR，並且不斷地改進和實踐。

▍華人地區首位布道者：姚瓊

2013年，Google經理瑞克・克勞（Rick Klau）將他掌握的OKR管理方式分享到互聯網上，這讓向來關注全球績效管理變革的我，有機會成為華人地區最早接觸OKR管理模式的人之一。身為長期研究目標管理與績效考核的人力資源管理者，我發現這個目標管理的思想與眾不同，有別於我二十年來使用和研究的工具。因此，我更加關注OKR，還以美國人力資源協會會員的身分，前往美國實地學習。

逐漸深入了解後，我認為華人企業尤其需要OKR，以協助組織管理與變革；但應該由華人老師來輔導與培訓才對，因為我們更瞭解華人世界的文化與市場。於是，在外資企業服務了二十多年後，我在2016年離開了愛立信，創辦工作室，全心投入OKR的推廣，業務主要包括培訓、輔導和諮詢等。

OKR管理法的由來及演化過程，如圖1-1所示。

圖1-1　OKR的由來及演進

OKR的兄弟姐妹

　　自從一百多年前美國學者泰勒提出「科學管理」至今，管理學發展快速，各種工具在不同的歷史階段陸續出現。它們和OKR一樣，在全球各大企業發揮強大的力量，就像一群年齡相仿的人、卻擁有不同的名字與特徵，在管理上各自具有不同的重點。它們相互影響、彼此配合，在企業管理中發揮應有的作用，可以稱它們為「OKR的兄弟姐妹」。

▌彼得‧杜拉克的目標管理法

一位父親帶著三個兒子去草原上打獵。到達目的地後，父親詢問兒子們：「在這裡，你們能看到什麼？」

大兒子回答：「我看到一望無際的大草原，牛羊在這裡吃草，獅子捕殺羚羊。這是生命的意義。」二兒子回答：「我看到正在裝填子彈的父親，努力回答問題的大哥和沉默的弟弟。」三兒子回答：「我只看到我的獵物。」

若干年後，大兒子成了自然學家，二兒子專注於人文科學，三兒子則繼承父親的衣缽成了優秀的獵人。

這個故事有很多版本，但我最喜歡這一版，因為目標可以設在任何領域，絕非僅限於單一的樣貌。只要擁有目標、達成目標，就是成功。

其實不管是年度、每季還是每月，每個大型企業都有各自的目標及規劃，必須對目標進行有效管理，盡可能減少估算誤差，增加員工的積極性。透過設定企業總目標、與之匹配的分目標，可以減少資源內耗、避免時間浪費。

　　由於彼得・杜拉克的目標管理法，並沒有制定目標與具體的實施工具，經常出現執行力不足、後期目標完成度無人問津的情況，最終導致工作效率下降。因此，後續很多管理學者都針對「具體實施工具」這個面向提出補充。

SMART原則

　　很多人有目標，卻不知道如何表達，這時就需要SMART原則的協助。SMART原則可以幫助我們撰寫目標，由美國管理學者喬治・多蘭（George T. Doran）教授在1980年代提出。

　　SMART，中文翻為「聰明的」，我們經常戲稱：你的目標夠聰明嗎？其實就是問目標是否符合SMART原則。五個英文字母對應的中文意義，如表1-1所示。

表1–1　SMART原則

SMART原則	
S：specific	具體（實在的，非抽象的）
M：measurable	可測量（能量化或細分化）

SMART原則	
A：attainable	可實現（具挑戰性，努力行動後摸得著目標）
R：relevant	具關聯性（與公司經營目標、部門目標、職責相關）
T：time-bound	有時限（能在期限內完成）

SMART原則可以幫助我們量化目標。例如，立志減肥的人不能只是設定目標「瘦下來」，而是要將目標設為「一個月瘦五公斤」，有明確數字才更容易達成。遵循SMART原則，就可以將抽象化的想法或目標變為具體、可量化、可實現的方案。

KPI

KPI（key performance indicator），即關鍵績效指標。它是以柏拉圖（Vilfredo Pareto）的「八二法則」為基礎，將關鍵事務指標化，透過抓住關鍵任務和工作重心，達到提高效率的目的。

KPI是對公司戰略目標的分解，反映公司經營的成效，分為量化指標、質化指標，但是必須可以測量。KPI

的主要表現形式舉例如下：

- 比率：成本下降率、產品利潤率、專案計畫完成率、產品一次合格率、技術評審合格率、測試覆蓋率、自動化測試比例、測試項目（或測試用例）的問題發現效率、產品設計缺陷率。
- 常數：銷售額、利潤額、客戶投訴次數、新產品市場應用效果、技術支援回應速度、專利申請數、因缺陷返工（Redo）次數。
- 時間、日期：如每月10日前繳交檔案，明確規定培訓時間、論文繳交時間等。

　　大家可能要問，為什麼以前用KPI，現在要用OKR呢？當然是因為OKR擁有KPI沒有的優勢。OKR與KPI有很大的差別，如表1-2所示。

　　KPI是績效考核工具，OKR則是目標管理工具，兩者的邏輯不一樣。KPI以結果為導向，關注事情是否完成；與薪資相關，目的是透過考核，督促員工達成目標；目標能數位化，但不接受改變。OKR以產出為導向，關注成

果；與薪資無關，隨時提醒每個人應該做什麼；目標上下
一致，透過過程管理，以及和主管、同事的溝通來做好工
作。每個人都是平等的，公開透明的OKR可以接受大家
監督，也可以根據實際情況進行調整。

表1–2　OKR與KPI的差別

	OKR	KPI
本質	管理方法	績效考核工具
管理思維	自我管理	控制管理
目標形式	目標＋關鍵結果（過程＋結果）	結果
目標來源	聚焦優先和關鍵事務	團隊或個人「成功」的數位化衡量
目標調整	滾動式調整	相對穩定
制定方法	上下結合，全方位對應	上至下
目標呈現	公開，包括目標、進度及結果	保密，僅責任者與上級可見
過程管理	持續追蹤	考核時關注
結果	充滿挑戰，可以容忍失敗	要求100%完成，甚至超越目標
應用	評分不直接影響考核與薪資	直接影響考核與薪資

雖然KPI的認知度和應用範圍更廣泛，但在如今這個多變的時代，只能作為考核工具的KPI顯然不能靈活地適應形勢。我認為，KPI的作用在於「檢測」和「控制」，而OKR特別適用於「激勵」和「成長」。兩者不能互相完全取代，但可以用OKR管理、用KPI考核，在不同方面各展所長，這才是行動網路時代轉型期管理模式的新探索和新實踐。

面對未來變化無常的形勢，希望大家都能試著用OKR管理工作和生活，這種「人人看得見的目標管理體系」，絕對能夠幫助個人和團隊取得成功。

▌BSC

BSC（balanced score card）即「平衡計分卡」，1993年由卡普蘭和諾頓導入企業管理後，沿用至今。財務、客戶、內部流程、學習成長是BSC的四個面向。它是一種可以透過前述四個面向將戰略進行目標分解，並且推動實施的企業目標管理與績效管理法。

BSC可以將抽象的企業戰略目標具體化，成為可以落

實在工作中的目標，兼顧財務與非財務因素、內部與外部客戶，以及短期與長期利益等方面，相較於傳統的單一方向KPI考核方式，BSC更具戰略性與全面性。但BSC維度與指標有時候很難分解至一線的員工個人，在個人考核與管理方面，作用並不明顯，而且BSC的實行難度高、工作量多。所以，就靈活性而言，我建議將BSC與OKR結合，也就是說，在公司層面運用年度BSC管理，對員工採用季或月的OKR管理。

　　從MBO到OKR經歷了四十五年的變革，歷史沿革如圖1-2所示。

圖1-2　OKR歷史沿革示意圖

向Google學習OKR經驗

　　Google的員工利用OKR做溝通與協調，以求達成具挑戰性的目標。在Google許多產品團隊中，員工們透過緊密合作創造巨大價值，只用少少的人力就取得輝煌成績。

　　以下分享Google使用OKR的「二要」和「一不要」，這是我研究Google經驗後的總結（如圖1-3）。

圖1-3　OKR的「二要」和「一不要」

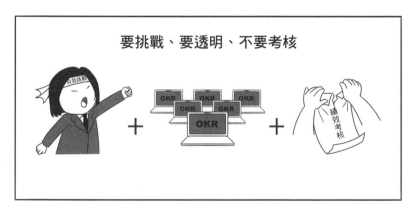

▎二要：要挑戰、要透明

　　OKR講求挑戰性，這就意味著不太可能達成所有目標。如果有人可以每一項目標都逐一達成，是否代表他設的目標不夠具有挑戰性？

　　Google的目標分成兩類：承諾型目標和挑戰型目標。承諾型目標通常由高層設定，例如銷售額或與日常工作、團隊一定要達成；挑戰型目標則是對團隊未來有重要意義，可能來自公司的任何階層，包括基層員工。

　　在Google，挑戰型目標更具有風險性和創新性，它能使人突破舒適圈，挑戰不可能。雖然失敗率約40%，但依然在該公司活躍，因為「挑戰」是Google的企業文化，所以挑戰型目標也是Google OKR的重點。

　　透明，是OKR的核心重點，也是推動OKR價值與收益實現的關鍵。由員工自己訂OKR，發布在公司的OKR系統；公開「曬」出來就相當於公開承諾，同時也方便主管和同事監督。

　　「透明」還表現了OKR常常被低估的優勢──可追蹤性。在「打卡」式定期更新OKR進度的影響下，員工逐步

朝著既定方向前進。這樣公開透明的全員參與管理辦法，是激發年輕員工參與感、責任感和積極性的良方。

　　在這個變化無常的時代，OKR能夠展現其靈活度。我們可以根據實際情況，不斷修改、更新OKR，使其更符合當下環境。相對於傳統的目標管理，OKR顯然更加靈活。因為透明，我們可以更快速地溝通與掌握資訊，使整個組織變得靈活許多。

▎一不要：不要考核

　　OKR是一套鼓勵個人的管理工具，以實現自我管理。它非常注重過程管理，通常是以「週」為單位來追蹤，針對經營資料、進度、計畫、策略等方面來溝通，促使員工從多角度提升達成目標的信心指數。

　　「只看結果」的KPI考核並不能激勵年輕員工，除了與薪資相關的績效獎金，參與感和主角意識才是吸引九〇後員工的關鍵。所以千萬不要用OKR來考核員工，避免落入另一個KPI的陷阱。

OKR的制定關鍵①

　　心理學家做過一個實驗：將一群人分為三組，向三個不同的村子前進。第一組人除了被告知跟著嚮導走之外再無其他提示，他們沒有方向，也不知道路程有多遠。才走兩、三公里就有人開始喊苦，走到一半的時候已經沒人願意繼續前進了。

　　第二組人知道村莊的名字和路程，但沿途沒有路標記號，所以他們不知道自己走了多遠，有經驗的人會鼓勵新人說：「還有一半路程、我們走了四分之三了、馬上就到了」，以安撫夥伴的情緒。

　　第三組人不僅知道村莊名字和路程，而且每隔一公里就會看到有個路標立在道路旁。第三組人的旅途是非常輕鬆的，他們一路歡聲笑語，每經過一座路標就爆出一陣歡呼，很快就到達了目的地。

　　當人們的行動有明確目標，並且能把行動與目標不斷對照、清楚知道自己的行進速度與目標之間的距離時，我

們行動的動機就可以維持，甚至加強，會自覺地克服一切困難，努力達成目標。OKR就是能連結目標和行動的最佳工具。

目標要激勵人心

要清楚表達公司或個人的目的、意圖，重點就在於精簡俐落的文字敘述。

一般而言，一個目標得用超過兩句話來描述時，就代表它可能不夠簡單、明確。此外，具有挑戰性且真實客觀的目標才能實現、鼓舞人心，但很多人的目標都缺少這個特點。例如，「完成專案」、「維持客戶滿意度」等，聽起來就缺乏新意，甚至很死板，無法刺激員工，而「大幅提升品牌的全球影響力」的目標就比較能激勵人心。

依據組織戰略而定

戰略，就是組織為了達成願景、使命而制訂的長短期規劃，這是一種決策，是組織在分析內部優劣勢與外部環

境後，針對資源進行的重組、排序。戰略的重點在於實行，公司的戰略最終都得依靠員工的行動來實現。

　　例如，我曾輔導一家遊戲公司，2020年的戰略是拓展海外市場，公司確定目標是「去印度和馬來西亞拓展分部」，分工到人力資源部門的具體目標就是「成立當地團隊」，具體的行動就是「招募五個職缺」。

　　OKR雖然講求自我管理，但也不能忽略它支撐組織戰略的重要性。要透過溝通來共享目標，使個人目標與組織目標互相串聯，為實現目標而貢獻。

▎挑戰中兼具可控性

　　什麼叫挑戰？挑戰不是隨意伸手就摸得到的東西，而是得經過長期的彈跳訓練後，奮力一躍才能抓到的東西。具有挑戰性的OKR，需要個人或團隊在一定週期內（通常是一季）付出額外努力才能達成。例如：「公司年度收益從兩千萬元升至兩千兩百萬元」或「工作效率提升10%」，這些目標在充足的資源、完善的制度和強而有力的執行、監管措施之下，並不難實現，甚至可以說只要付

出正常努力就可達到。這些目標雖然可控，但並不具挑戰性。而Google「2016年底，YouTube用戶每日平均觀看時間達到十億小時」的目標，就非常具有挑戰性，因為它是個成長十倍的目標。

　　OKR要求挑戰與可控並存，但不能被「可控」給限制住。挑戰往往意味著你對過去的工作、甚至是生活的重新思考，是走出「舒適圈」的重要一環，更是雄心勃勃的展現。可控性則是在實際基礎上，發揮最大程度的改善和創新，以確保雄心壯志能夠實現。所以，在制定OKR目標時，需要撇除外界的影響。

TIP

如何訂定目標？

撰寫格式：副詞＋形容詞＋動詞＋名詞。

用詞特徵：鼓舞人心、可達成、本季可執行、團隊可控制
　　　　　結果、有利業務。

撰寫舉例：本季大力提升客戶滿意度。

OKR的制定關鍵②

　　有一隻袋鼠從動物園的籠子裡跑了出來。管理員發現之後，把袋鼠抓回籠子，並且開會討論。他們一致認為是因為籠子的高度不夠，所以袋鼠才可以輕鬆跳出去，於是將籠子加高到兩公尺，第二天袋鼠依舊跑到籠子外面。管理員又將籠子加高到三公尺，沒想到袋鼠依然逃出來。管理員緊張了，直接將籠子加高到十公尺。

　　隔壁的長頸鹿跟袋鼠閒聊：「你說他們還會繼續加高你的籠子嗎？」

　　「很難說，」袋鼠說道：「如果他們繼續忘記關上門的話。」

　　很多人都是這樣，只知道出了問題，卻無法準確抓住問題的核心與關鍵。有時候，制定OKR也會出現同樣的問題。

KR要量化、量化，再量化

制定KR時，必須以「怎麼做」為基礎，也就是「how」。KR必須是可以衡量的工作結果，一旦達成，就能推動O的完成。因此需要用量化KR的方式，將實現O的過程細分化、步驟化，讓每一項KR都可以與O對應，並對「實現O」有實際幫助和推動。

KR的制定必須以產出為導向，也就是說，對KR的描述必須是「結果」，而不能用「參與」、「幫助」、「分析」等模糊的動詞。表1-3是某銷售總監的OKR，「帶領團隊，確保第一季簽訂一千萬美元的合約」就是一個非常標準、以量化結果為導向，包含過程和方法的KR，以達成「順利達成公司第一季銷售額」的目標。

表1-3　某銷售總監當季OKR

O1：順利達成第一季銷售額		O2：提升銷售團隊效率	
KR1	帶領團隊，確保第一季簽訂1,000萬美元的合約	KR1	第一季開始推行銷售團隊「活力計畫」
KR2	確保每位銷售經理簽訂400萬美元的合約	KR2	第一季招聘3位優秀銷售經理

O1：順利達成第一季銷售額		O2：提升銷售團隊效率	
KR3	藉由新激勵措施，保證至少90%的銷售團隊達成目標	KR3	2月底完成銷售人員能力認證
KR4	參加3場論壇，至少鎖定10位潛在客戶	KR4	1月31日前修訂銷售獎金規定

　　為什麼同樣的事情，只是經過量化，結果就會不一樣呢？那是因為以SMART原則為基礎的量化，會讓KR變得更加可執行、可追蹤、可衡量，如此一來，就能容易著手實施了。

▌O要聚焦

　　目標若設定得過於虛無飄渺，會讓人無從著手。「關鍵結果」是檢測我們如何達成目標的基準，不僅可以衡量結果，還能夠告訴你如何完成。

　　高品質OKR的設定能讓個人或團隊更加聚焦。在小型新創企業，透過OKR快速地小幅度試誤，能讓團隊迅速找出正確方向；在中等規模企業，OKR能夠使團隊更

明白當下需要快速做什麼、怎麼做，從而強化執行力；在
大型企業，透明、量化、具體的KR可以消除部門間的隔
閡，公開透明的OKR體制加強部門間的合作。明確的KR
為各部門共用，凝聚企業裡各部門的力量。

　　OKR不是有關日常目標、簡單任務或「要做的事」
的清單。想在生產力或創新方面飛躍成長，企業需要學習
Google的「十倍速思維」，用創新突破和指數級的OKR取
代增量性的OKR。這能夠幫助企業離開舒適區，實現真
正的改變。

　　所以說，OKR是瑞士軍刀，適用於任何環境。

TIP

如何訂定關鍵結果？

撰寫格式：透過（做某件事），達成（某個量化成果）。

用詞特徵：量化；充滿挑戰性，激勵人心；具體；有流程
　　　　　和過程管理；能推動正確的行為。

撰寫舉例：透過優化流程，將「客服精準解決客戶問題」
　　　　　的比率提升 50%。

確實執行的兩大祕訣

堅持不一定成功，但是不堅持一定不可能成功。在企業團隊裡推廣OKR，一定要有始有終，切莫半途而廢。

▌分層拆解

首先要制定企業年度OKR，根據年度OKR中的O或KR制定團隊每季OKR，最後讓團隊每季OKR中的O或KR再落實到員工的OKR。（如圖1-4）

圖1-4　企業OKR落實關係圖

這是將某公司的OKR拆解後為例,為幫助讀者更容易理解(如表1-4)。

表1-4　企業大幅提升盈利能力的OKR

公司O:大幅提升獲利能力			
KR1: 透過採購招標系統,降低採購成本10%		KR2: 改革物流流程,降低物流成本25%	KR3: 透過季節性活動,收入翻倍
採購部門O: 實施採購招標改革	IT部門O: 完成採購招標系統	物流部門O: 實施物流改革	行銷部門O: 收入倍增
KR1: 2月底,完成採購招標方案	KR1: 3月底,完成採購招標系統1.0	KR1: 2月底,完成物流外包管理方案制定	KR1: 1月底,組成活動策劃團隊
KR2: 3月底,完成採購招標系統	KR2: 4月底,完成使用手冊編製,確保新供應商使用無虞	KR2: 3月底,確定外包商的標準物流成本比自有物流成本至少降低30%	KR2: 透過舉辦活動、反覆檢討,促使每季收入翻倍
KR3: 透過招標採購主要物料,降低採購成本10%	KR3: 不斷更新修正,使系統每月故障時間低於1小時	KR3: 5月底,完成自有車輛出售和人員重整	KR3: 活動前5日,完成相關人員教育訓練
		KR4: 物流配送無延誤	

要徹底實踐企業的OKR，可以經由共識會議的形式，讓團隊成員彼此溝通，確認各自的OKR。再透過日常會議追蹤，更新彼此進度、交流經驗、提出問題，若有問題便想辦法解決。

TIP

如何拆解 OKR？

1. 公司的 KR 可以拆解為部門的 O。
2. 部門的 KR 可以拆解為員工的 O。
3. 跨部門協作需求可以成為你的協作 KR。
4. 本人可以主動提出具有挑戰、創新性的 OKR。

▌計畫、打卡、獎勵！

OKR是自我管理的工具，起點就是OKR表格。寫下自己的OKR，將要做什麼、怎麼做、做多少公開出來，給自己承諾、給公眾承諾。這一點與在社群「曬計畫」、「求監督」，有異曲同工之妙。

也可以準備一個日曆，或是在社群上「打卡」。例如

健身的人，每週PO出瘦下多少公斤或是肌肉的照片，都是打卡的方式。

　　最後就是獎勵，可以是自我獎勵，也可以是主管給組員的獎勵。雖然OKR不是考核工具，但物質上的獎勵，可以更有效地鼓勵成員堅持下去、完成目標。

　　表1-5為三大執行神器之一　　OKR撰寫表格。

表1-5　OKR撰寫表格

OKR目標記錄表		
O	KR	時間
O1：	KR1：	
	KR2：	
	KR3：	
	KR4：	
O2：	KR1：	
	KR2：	
	KR3：	
	KR4：	
O3：	KR1：	
	KR2：	
	KR3：	
	KR4：	

每個人都需要

誰需要OKR呢？

如圖1-5所示，它不僅適合想要有所突破的團隊和企業，也適合所有希望實現目標的人。

圖1-5　OKR適用者

如果你是企業創始人和執行長，就需要OKR為公司制定前進的目標，讓企業長久經營下去；如果你是主管，就需要用OKR帶領團隊，完成公司目標；如果你是一般員工，OKR可以幫助你達成業績，成就職業生涯。

如果你是家長，你可以和孩子一起制定與學習相關的OKR，培養孩子完成目標的毅力；如果你是人妻或人夫，OKR更可以是幫助你家庭美滿的手段之一。

如果你現在還單身，找到另一半就是你的OKR；如果你是學生，可以用OKR訂定學習計畫、實習計畫、就業計畫。

準備好了嗎？一起迎接你工作、人生的最佳幫手OKR吧！

2

優化團隊、
帶動創新就靠OKR

「單絲不成線，獨木不成林」，個人的力量有限，在人類歷史上，每個偉大的事業都是依靠團隊合作而完成。叔本華說：「單個的人是軟弱無力的，就像漂流的魯賓遜，只有與別人一起，才能完成許多事業。」尤其是現代的企業，絕大部分的工作都不能靠一個人單打獨鬥，必須依靠團隊的力量。

團隊精神是企業真正的核心競爭力，創新對於企業來說更是尋找其出路和生機的必要條件。一個不懂開拓創新、不知進取的企業是難以在激烈的市場競爭中生存的。

OKR是幫助企業實現團隊合作與創新的管理利器。

目標更聚焦、戰略更落實

貴州的翰凱斯PIX移動空間是從貴陽高新區發跡的無人駕駛新創公司，自成立以來，一直專注於智慧製造、人工智慧領域。「讓城市變得更美好」是該公司的願景。

如何讓這一願景變成現實呢？剛開始，他們研發生產

無人機；後來，開始創立智慧製造工廠；2016年時，他們發現，在現在的城市中資源配置不均、交通壅塞等問題給大眾帶來許多不便，整個城市好像成了車的天下，於是他們開始研發生產無人駕駛汽車。

他們集結了30人，稱為PIX無人駕駛團隊。成員來自11個國家，有演算法工程師、電氣工程師、製造工程師等等。2018年3月，該團隊僅用5天時間就將一輛普通汽車改造成無人駕駛的多功能服務汽車。他們還架構全球第一個交警手勢識別資料庫。

這就是團隊的力量。所謂「眾志成城」，當大家為同個目標努力，將力量和智慧結合在一起的時候，創造價值的潛力不可估量。

在企業組織裡，有個很令管理者頭疼的問題就是大家各自為政。團隊與團隊間、成員與成員間，無法相互理解、彼此配合，導致企業的業績受影響。想要發揮團隊的力量，就必須讓大家聚焦在目標上。OKR可以聚焦目標，落實企業的戰略，讓夢想成為現實。

▌連結企業使命和願景

我在過往的著書中曾提到，可以按照期限將企業的發展方向分為使命、願景與企業戰略和目標，關係如圖2-1所示：

圖2-1　公司目標層次

使命是企業在完成任務的過程中，代表其存在的理由，藉以表示在最終目的下，企業將以何種形態實現目標，也可定義為企業在社會中扮演的角色。

使命是企業對自身生存發展「目的」的詳細定位，從本質上說就是長期目標 ——「我是誰」和「我存在的目的是什麼」，時間期限可以是五十年甚至一百年。

以下是幾間著名企業的使命：

- Ford：成為提供汽車產品和服務的全球龍頭。
- Sony：發展技術、造福大眾。
- Disney：使人們過得快樂。
- Apple：推廣公平的資料使用慣例，建立使用者對網際網路的信任和信心。
- 華為：聚焦客戶關注的挑戰和壓力，提供有競爭力的通訊與資訊解決方案、服務，持續為客戶創造最大價值。

　　願景是「未來企業能達到的狀態」的藍圖，表達企業存在的最終目的；它是企業發展的方針，是具有前瞻性的計畫或開創性的目標；它是指企業長期的發展方向、目標、目的，以及自我設定的社會責任和義務。

　　願景會明確定義企業在未來社會要長什麼樣子，可以看作企業的中期目標 ──「我要到哪裡去」的問題，時間期限可以是五年、十年或者二十年。

　　以下是幾間著名企業的願景：

・Apple：讓每人擁有一台電腦。

・華為：豐富人們的溝通和生活。

・GE（General Elecric Company，奇異公司，又名通用電氣）：永遠做世界第一。

・福田汽車：致力人文科技，驅動現代生活。

總括來說，願景確立的是企業的主體，使命確立的是主體的目標。

那麼，該如何完成使命，達成願景呢？答案是制定企業戰略。企業戰略是指企業為了長期的生存和發展，綜合分析內部條件和外部環境，做出一系列全面性、長遠性的計畫。這裡就以華為為例，其戰略有四個方面，如表2-1所示。

表2-1　華為的企業戰略

華為企業戰略	
1	為客戶服務是華為存在的唯一理由；客戶的需求是華為發展的原動力
2	品質好、服務好、運作成本低，優先滿足客戶需求，提升客戶競爭力和盈利能力

華為企業戰略	
3	持續進行管理改革，實現高效率的運作流程，確保端到端（end to end）的優質交付
4	與同業共同發展，既是競爭對手，也是合作夥伴，共同創造良好的生存空間，共用價值鏈的利益

　　如何落實企業戰略呢？這就需要企業根據戰略制定相應的目標，也就是OKR。

　　企業的戰略目標必須與公司的使命、願景相符，既能支持使命與願景，又能推動願景與使命的實現。繼續以華為為例，基於企業戰略，華為確立了三個目標，分別是：做強管道，提高終端收入，聚焦企業。針對「提高終端收入」的目標，華為也做了拆解：2016年曾提出「五年內銷售收入超過一億美元」的目標；2019年又定下「三年內消費者業務總量提升到一億美元」的目標。

更高效率的團隊合作

　　intel是全球最大的半導體公司。1979年，一場突如其來的危機使intel陷入巨大困境。當時，Motorola（摩托羅

拉）開發出68000晶片，這一晶片比intel開發的微處理器8086速度更快，更容易實現程式設計。68000晶片一上市就迅速占領市場，intel根本沒有時間重建8086的優勢。

為了應對這一突發事件，intel成立專門小組，展開「粉碎行動」──召開為期三天的會議，和Motorola對照，分析自身優勢，迅速制定戰略，並根據戰略定出可實施、可協作的專案。又依據專案訂出詳細計畫，快速傳達給銷售人員。最後，在高層管理者、銷售團隊、行銷部門和其他區域部門的共同努力下，intel用「一手爛牌」打贏了對手，重回巔峰。

intel在應對危機時，能夠迅速轉敗為勝，和各個團隊、部門的相互合作脫不了關係。Google創始人賴瑞・佩吉（Larry Page）說：「確保所有人都朝著同一個方向，是非常重要的。」團隊高效率合作，是企業戰略能夠快速落實的重要條件。

我們處在一個快速變化的時代，幾乎所有的企業都面臨著層出不窮的挑戰，如產品創新、客戶服務和市場行銷等。如何解決這些問題，使其成為機會，對團隊來說是個

巨大的考驗。

　　但是很多企業團隊在溝通時，往往會出現這樣的問題——基於自己的經驗，站在各自的立場發言，但大家的意見都不相同，誰也說服不了誰，最後甚至會吵起來；有時候產生一些好的想法，又被相關主管或部門否決；有些人乾脆閉口不發表任何意見。結果一場會議冗長拖沓，不但沒有好點子，反而還影響大家的鬥志。

　　為什麼團隊合作的效率會這樣差？如何才能提升團隊工作效率，擬出解決問題的創新方案呢？我們需要一套規則來改變大家的做事方式。

　　這套規則就是OKR。OKR的公開透明性及可調整性，有利於激發團隊的主動性和靈活性。

　　在那些擁有卓越成績的企業背後，都有一支高效率合作的團隊。團隊是什麼？團隊由兩個或兩個以上的人組成，協調彼此的工作來實現共同的目標。高效團隊，則是指發展目標清晰，完成任務後效果顯著，工作效率比一般團隊更高，團隊成員在有效的領導下相互信任、良好溝通、積極合作。

　　優秀的領導者必須懂得如何打造、掌控一支高效率的團隊。高效率的團隊該是什麼模樣呢？我總結了九大特徵：擁有明確目標，相互信任與合作，透過創新達成業績，有教練型領導，溝通良好，高度忠誠、積極承諾、充滿活力，充分肯定與讚賞，士氣高昂，有相關技能。如表2-2所示。

表2-2　高效團隊的九大特徵

特徵	具體表現
擁有明確目標	目標包含著重大的意義和價值；成員把個人目標昇華到團隊目標中，願意為團隊目標做出承諾，明白公司希望他們做什麼以及如何合作，最後完成任務
相互信任與合作	每個成員都瞭解其他成員的工作，對其他人的行為和能力深信不疑，並願意積極配合以達成團隊的共同目標
透過創新達成業績	能夠利用有限資源，提出創新方法，創造最佳的績效，即團隊能夠制訂出最佳方案並有效執行
有教練型領導	領導人對促進團隊任務達成與成員間的情感凝聚，保有高度彈性，能在不同的情境做出適當的行為，成為團隊教練激發成員潛力
溝通良好	團隊成員擁有順暢的管道交換資訊，包括各種語言和非語言訊息；管理階層與團隊成員間有透明的資訊回饋機制，有助於管理者指導成員的行動，消除誤解

特徵	具體表現
高度忠誠、積極承諾、充滿活力	高效率的成員會對團隊表現出高度的忠誠和積極的承諾，為了能使團體成功，願意做任何事情；每個人都充滿活力，願意為目標全力以赴，覺得工作別具意義，可以學習成長、不斷進步
充分肯定與讚賞	成員間能夠彼此真誠讚賞，使對方瞭解自己的感受或是對小組的幫助，這是幫助團隊成長的動力
士氣高昂	個人以身為團隊的一員為榮，個人受到鼓舞並擁有自信自尊；組員以自己的工作為榮，擁有成就感與滿足感；有強烈的向心力和團隊精神
有相關技能	成員具備實現理想目標所需的技術和能力；擁有能夠良好合作的個性，完成任務

高效團隊第一式：
目標一致，提升協作性

　　很多企業管理者喜歡大談戰略，在辦公室貼滿口號。他們認為自己的職責只是制定戰略，如何落實則是員工的事，其實這是眼高手低的表現。對於企業來說，落實戰略

並不容易 —— 往往是因為中堅、基層主管,甚至整個高階管理團隊,對實現戰略的目標認同不夠一致。

企業目標的制定可以「上至下」和「下至上」相結合。所謂「上至下」,就是先由公司制定年度OKR,再分解為季度OKR;各部門根據公司的季度OKR制定部門的季度OKR後,再落實為員工的季度OKR。「下至上」,則是由員工本人提出OKR,這樣更加能反映員工的想法,主管或許還可以藉此補充部門的OKR;同樣道理,部門也可以先制定OKR,公司再依此考慮是否需要在企業OKR中補充部門的想法。目標要少而精,最多五個,每個目標下面頂多只能有四個關鍵結果。

不管哪個層級先制定,最終都是大家彙總,達成共識。部門的目標一般來自三個方面:一、上級上至下分解的目標;二、部門間的合作要求;三、各部門在根據自身情況、外部環境分析可能達成目標後,自己提出的創新與挑戰型目標。

制定企業目標時需要思考以下問題,如表2-3所示。

表2-3 團隊目標的思考重點

序號	問題
1	企業中有多少目標？哪一項最重要？
2	團隊目標與企業目標一致嗎？
3	目標可以衡量嗎？
4	團隊要實現最重要的目標需要多少時間？
5	目標是否具有足夠的挑戰性？
6	目標的負責人是誰？最高支持者是誰？
7	員工是否瞭解目標？他們如何理解「最重要的目標」？是否知道自己所做的事與「最重要的目標」相關？
8	目標是否可以獨立完成還是需要其他團隊協助？需要哪些團隊？
9	周邊夥伴是否瞭解目標的意義？理解是否一致？

目標要「上下對齊、左右協同」。上下對齊指的是「確認團隊目標與企業的OKR一致」；左右協同則是「確認團隊目標與其他支援團隊的目標能夠彼此認同」。

團隊從一開始就將目標與企業使命、願景和戰略相聯結，從長遠來看，是非常明智的。透過「上至下」和「下至上」的方式制定目標，使所有參與者都能與企業目標有真正的連接。將精力聚焦到最重要的目標上，成員不會再

為注意力的分散而苦惱，有利於提升團隊的執行力和實現整體目標。表2-4是某公司團隊相互協作的OKR。

表2-4　團隊協作OKR

O：企業OKR系統成功落實	
KR1	12月底前，IT部門完成OKR管理系統上線
KR2	上線前兩週，人力資源部門公布使用系統指南，並完成教育訓練
KR3	上線後一個月，研發部門完成兩輪用戶滿意度評估，平均達到4分以上（滿分5分）

高效團隊第二式：
目標透明，群體監督

很多人都是透過Google經理發布的影片才瞭解到OKR，這位經理就是Google風投（Google Ventures, GV）合夥人瑞克・克勞，他曾負責YouTube網站主頁。

如果有同事想在YouTube上傳有關他們研發的新產品

推廣影片，他可以透過Google的內部資訊平台查看克勞的OKR，瞭解克勞當季的工作，再考慮如何與YouTube團隊協商這件事。

在Google的內部資訊平台，上至執行長賴瑞‧佩吉，下至每個基層員工，他們的OKR都是公開的。每個人都可以透過該平台檢索到其他同事的OKR，包括過往OKR的實施成績及當前OKR的進度。當某一位員工想要晉升時，人力資源人員只要查看一下他過往的成績，就能對他為公司所做的貢獻了然於胸。

將目標透明化，所有人都能知道其他同事以前做過什麼、現在正在做什麼。這樣不但能夠產生群體監督的作用，也方便跨部門專案團隊的管理。公開透明是OKR的核心特徵，也是其致勝法寶。

制定透明：目標達成共識

制定OKR的過程中，需要召開討論會，也可稱為共識會議。企業共識會議的參與者主要是公司執行長和高階

管理團隊，所要討論的議題為：根據年度戰略，我們需要
設置哪些公司和部門的重要目標，這些目標之間的關聯性
和支撐性為何？所有的KR是否能夠支撐目標的實現？O
和KR是否具有挑戰性，完成的信心指數是多少？部門之
間的合作是否一致？

　　在共識會議中，大家坦誠溝通，就上述議題達成共
識，可以讓部門間更加清楚彼此的目標及設定目標的背
景，也可以使他們在執行OKR的過程中更有方向和明確
的行為要求。

　　在共識會議後，部門會根據共識會議的相關要求，修
改或更新團隊的OKR。之後由部門負責人發布部門的
OKR，再透過一對一的溝通方式或部門會議的形式來確
定員工的個人OKR。

▌執行透明：定期分享目標進度

　　在OKR的執行過程中，團隊間的溝通可以採用我的
「洋蔥會議」法則——每半年開一次半年會，每季開季度
檢討會，每月開月度總結會，每週開進度彙報會，每日開

例會……像剝洋蔥一樣；透過深入溝通，逐步剝開部門、
團隊、團隊成員的內心（如圖2-2）。

圖2-2　OKR洋蔥會議

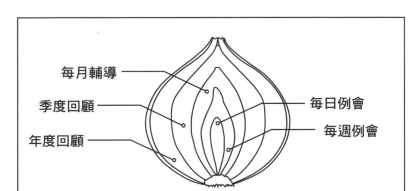

　　例如，每日例會可以是在早上利用十五分鐘的時間，
集合組員針對寫有OKR或工作進度的看板，輪流彙報（如
圖2-3）。

圖2-3　每日例會

　　透過「洋蔥會議」，所有資訊都對OKR的參與者公開，所有人的目標都被公開監督、批評和糾正。如此一來，大家便能將自己的日常工作與公司使命、願景、部門大目標、個人小目標連結起來。透過有效的溝通，彼此的關係將更加深，我知道你在做什麼，你也知道我在做什麼，免掉因為資訊不透明而導致的猜疑、推諉，有利於保持團隊向心力。

　　公開透明是OKR的核心。如果做不到公開透明，就不是真正的OKR。OKR的公開制定、合作執行將帶來以下幾種效果：一是形成公眾監督力，督促員工，激發員工

的內在驅動力；二是讓員工看到企業、團隊的目標與個人目標的關聯性，感受自身工作的價值和意義，有利於增強員工的主人翁意識，提升敬業度；三是企業間的訊息公開與共用，可以促進團隊的相互合作，更加積極、迅捷地應對變化。

　　目標透明化，可以強化部門間的資訊交流和溝通，促進員工間的合作、提高工作效率，這將會為企業帶來巨變，有利於實現企業的快速發展。

TIP

讓 OKR 公開透明的 5 種方式

1. **貼**：準備一塊白板，將公司、團隊和個人的OKR寫下來，貼在白板上。
2. **說**：在會議上對大家報告，公開承諾。
3. **發送**：彙整所有的 OKR，寄送給所有員工。
4. **軟體公告**：透過 OKR 軟體、通訊軟體公布 OKR。
5. **企業內部網站**：公布在公共資料夾裡，讓所有員工瞭解到其他同事的工作內容、進度及評分。

高效團隊第三式：快速創新突破

　　二十年前，亞馬遜還只是個微不足道的小網站，使用者的數量跟今日相比，簡直小巫見大巫。當時的亞馬遜網站是由一個「線上書店」程式和一個單體大型資料庫驅動。這種模式大大限制了亞馬遜的速度和敏捷度，因為每要增加新功能或提供新產品時，程式碼都要重新編寫。這是一個需要各部門人員相互協調的複雜過程。

　　於是亞馬遜重新調整系統架構。為了支援這一新架構，亞馬遜改變了小組的模式，將團隊重組為小型、自治的小組，稱為「兩個披薩團隊」，每個小團隊都負責一個具體的產品、服務或者功能。這樣一來，各團隊就有了更多的權限，能夠以更快的速度為顧客帶來創新。現在亞馬遜每年都能部署數百萬項新功能上線。

　　有創新才能有發展，亞馬遜的快速發展離不開「兩個披薩團隊」的創新。

　　人稱「矽谷教練」的比爾・坎貝爾（Bill Campbell）

說：「如果公司做不到持續創新，它們必將走向滅亡——請注意，我說的是創新而非重複。」OKR能夠鼓舞團隊，實現組織的持續創新與改革。

▍敏捷組織的最佳選擇

在FB工作，只要你有想法、想做事，沒人會攔著你。所以湧現了很多新產品、新嘗試，比如閱讀器App Paper、新款聊天App Slingshot、聊天室App Rooms等等。

從團隊來講，員工可以自主選擇加入哪個敏捷團隊。根據工作需要，有些敏捷團隊會共事一、兩年，有些可能幾週就會解散。員工可以自行選擇下一個專案要做什麼。

FB的「駭客月」（Hackamonth）機制，就是員工自己提議的。根據這一機制，每個員工每個月都可以去另一個專案團隊體驗工作。體驗之後，如果喜歡，就可以選擇留在這一專案；如果不喜歡，可以選擇加入其他專案。

這就是充分的授權與尊重，也是敏捷組織的優點。

寶鹼（Procter & Gamble, P&G）的執行長羅伯特・麥

克唐納（Robert McDonald）形容這個時代：「這是一個
VUCA的世界。」VUCA時代主要有四個特徵，分別是：
動盪、無常、複雜、模糊。（見圖2-4）

圖2-4　VUCA 時代的特徵

　　想在動盪無常、複雜模糊的VUCA時代成功，必須學
會與變化共舞。敏捷組織，是未來組織發展的方向，是應
對當前VUCA時代的有效方式。

　　什麼是敏捷？敏捷的重心，在於能夠迅速感知環境、
快速因應。而敏捷的基礎，一定是公開透明，實現資訊共

用，這也是敏捷組織的關鍵特徵之一。

資訊透明是為了讓員工能在多變的組織形式下找到方向，不至於迷失。敏捷組織要盡力讓所有能公開的資訊都公開，讓每個員工清楚瞭解當前的優先任務是什麼，如何完成這些任務，員工個人的工作和企業的前進方向有何關聯，這是非常重要的。

OKR，是形成組織敏捷的基礎。在OKR的制定和執行過程中，尤其重視公開和透明的原則。在VUCA時代，一切都充滿不確定性，企業必須大膽改革，積極擁抱變化，才能適應市場和時代的不確定性。

▌帶領企業大膽突破

企業創新有兩種類型：顛覆性創新和微創新。

顛覆性創新就是「破壞性創新」，是指透過新技術的革命性改革，讓產品更簡單、更便宜、更方便，從根本顛覆和瓦解原有的產品。

微創新也稱為「持續創新」，是企業在市場、原料、技術、工藝、組織等方面不斷創新的過程，在這過程中，

企業的各種生產要素相互聯繫、耦合，形成一個綜合性、
具有強大功能、持續創新的系統。該如何透過OKR實現
創新呢？我們從以下三點說明。

首先，目標（O）的創新，是指從0到1的突破，做以
前沒有做過的事。

哈佛大學的克里斯坦森（Clayton M. Christensen）等
人為了研究個人如何形成顛覆性思維，對創新人才進行追
蹤研究。最後得出這樣的結論：要形成顛覆性創新思維，
個人應該具備以下特質：

・善於質疑現狀。
・善於觀察新資訊。
・善於交際互動，獲取關鍵需求。
・善於探究新想法、新思路的可行性。
・善於聯繫整合各類看似不相關的資訊。

下面是我一位客戶（部門經理）的顛覆性創新OKR
（如表2-5）。

表2-5　打造爆紅產品的OKR

O：打造一款從0到1的突破性爆紅產品	
KR1	透過新產品體驗設計，讓免費版本的每日用戶達到50萬
KR2	透過價格優惠，讓付費用戶轉化率達到5%
KR3	透過5個新媒體傳播，讓口碑指數達到90

　　關鍵結果（KR）的創新：承接公司目標，找到實現目標的新路徑。用以前沒用過的方法和手段達成目標。

　　關鍵結果的創新其實是一種微創新。微創新就是在工作中產生的各類小創新、小技巧、小實踐，用來改善工作中的問題，例如提升工作效率、產生經濟效益、節約成本、優化流程等。微創新必須是基於實踐、經過驗證的，擁有正向成功和增量變化的效果。傳統企業的持續性創新屬於微創新。

　　飛亞達電商團隊的戰略決策和計畫都是上至下推動，基層員工沒有決策權，參與感不強。在這種情況下，無法充分展現團隊活力。飛亞達公司於是組成七人的跨部門創新小組，策劃了一場微創新電商活動。

　　活動徵求的創新點主要針對三種情況：一些工作中長期存在、懸而未解的問題；工作中產生的未得到良好落實的想法；需要集思廣益，取得大家幫助的問題。大家可透過各種管道參與，包括電子郵件、即時通訊群組、EKP（Enterprise Knowledge Portal企業知識門戶）微創新欄目等。活動目的在於，透過線上、有吸引力的個性化服務，吸引顧客購買或到門市體驗。

　　這次微創新活動在十四天內收到一百四十六個作品，有來自銷售公司、亨吉利的導購，也有來自製造科技班組員工。

　　一位人力資源學員的持續創新OKR案例（如表2-6）。

表2-6　持續創新OKR

O：提高招聘率，引入一流研發人才	
KR1	繪製首份全國XX專業研發人才地圖
KR2	制定內部推薦獎勵政策，本季內部推薦研發人才10名以上
KR3	找到兩個新的專業管道，五個新的免費管道搜索人才
KR4	使用新測評工具，獲取合格研發人員簡歷數達到100份

　　我們鼓勵每一位職場人士設計自己的OKR，每季一個，挑戰自己。

　　再其次，OKR也是創新型問題解決方法：O就是我們面臨的問題；KR是我們設計出來的解決方案。

　　稍後將為大家推薦OKR與創新融合的三個工具，包括設計思維、世界咖啡、心智圖。

◆ 史丹佛設計思維

　　假如你懂設計思維（design thinking），就能輕鬆定出具有創新性的OKR。設計思維源自史丹佛大學，是一套追求創新思考的方法論。IDEO設計公司總裁提姆‧布朗（Tim Brown）說：「設計思維是以人為本，利用設計師的敏感性及設計方法，在技術可實現、且具有商業可行性的前提下，滿足人們需求的設計精神與方法。」即使我們不是設計師，都可以在自己的職位上嘗試設計思維，為工作提供創新的可能性。

　　簡而言之，設計思維有兩大核心理念：以人為本的設計和同理心。如圖2-5所示，設計思維的運用有五個步驟：同理心（empathy）、定義（define）、發想創意

（ideate）、原型製作（phototype）和測試（test）。

圖2-5　設計思維五步驟

同理心 ➡ 定義 ➡ 發想創意 ➡ 原型製作 ➡ 測試

　　第一步：同理心，收集用戶的真實需求。可以透過以下方式對用戶進行研究：

・組成小組調查；

・利用APOEM[1]進行觀測；

・利用問答形式實地採訪；

・透過社交網路等監控交互效果；

・透過體驗法成為用戶，切實感受用戶需求。

　　第二步：定義，分析蒐集到的各種需求，聚焦要解決的問題。透過現象看本質，找到問題的關鍵：誰？有什麼需求？我發現了什麼？

　　第三步：發想創意，大開腦洞，點子越多越好。我們可以利用腦力激盪，刺激思考；也可以利用心智圖，將所

有的想法分類和連接。

第四步：製作原型，動手把腦海中的想法製作出來。
將心中所想用紙筆畫下來，也可以利用黏土、樂高、紙板
等素材，製作產品模型。

第五步：測試，優化解決方案。做好原型之後，提供
用戶體驗，並留心觀察，是否需要再改進。

透過這五個步驟的循環反覆，解決問題的方案將更成
熟、更加貼合用戶的需求。它與傳統的解決問題的思路有
所不同，不是「發現問題→分析問題→解決問題」，而是
引導我們以「人的需求」為中心，透過團隊合作的方式，
洞察加上直覺，尋求機會點以滿足客戶需求，解決問題，
並獲得創新。

一家我輔導過的創新與研發中心利用設計思維撰寫的
OKR（如表2-7）。

1　APOEM:A（actions），活動；P（people），人；O（objects），物體；
　　E（environment），環境；M（messages），訊息。即觀測到什麼人，
　　他們在做什麼，使用什麼工具，人們之間如何交流，周圍的環境怎樣。

表2-7　設計思維OKR

O：探索飲料市場，發掘機會點	
KR1	6月完成飲料市場的資料調查，彙整研究報告
KR2	7月發起一項飲料市場量化研究，回收至少500份有效樣本
KR3	8月參加至少一場共創工作坊，提出至少4個概念原型
KR4	12月底至少有一個方向／原型進入RCDP（產品研發管理內部評審階段）

◆ **世界咖啡**

　　世界咖啡，是由國際組織學習學會的華妮塔・布朗（Juanita Brown）與大衛・伊薩克（David Isaacs）在合著的《世界咖啡館》一書中提出的概念，我們可以用它作為撰寫OKR的創新小工具。世界咖啡是一種高效率協同工具，將不同背景、不同觀念的人以朋友聚會的形式相聚，透過多個小組會談的形式進行交流、暢談，並且互換小組成員，使所有人的想法能彼此聯結。經過思想的碰撞產生火花，最終形成集體智慧，實現創新與突破。

　　世界咖啡的具體流程如下（見圖2-6）：

圖2-6　「世界咖啡」流程圖

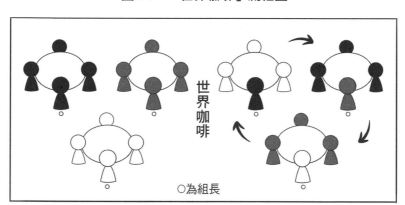

① 將參與世界咖啡研討的人分成若干小組，每組四到六
　 人，各小組圍著會場或教室的圓桌而坐。選出一名組
　 長，由組長宣布研討制定OKR，組員獨立思考後輪流
　 發言，然後相互質疑和反省，展開深度會談。最終用
　 文字記錄下小組的OKR。時間為三十分鐘。

② 所有小組成員換桌而坐，組長不動，與新組員探討
　 OKR。時間為十五分鐘。

③ 所有人回到原來的桌子，各自彙報其他桌的討論內
　 容，並藉此對小組OKR做思考與探討。時間為十五到
　 二十分鐘。

④由組長總結。將會談結果彙整到一張紙上,貼在牆
　上,讓所有人一起檢視並探討共同點,提出新觀點,
　最後根據討論結果修改團隊OKR。時間約為十五到二
　十分鐘。

　　華為的某個技術團隊就是透過世界咖啡的形式討論
OKR,最後收集六十七條有效建議。所有員工參與團隊
目標制定,大大提升OKR的挑戰性。

◆ 心智圖

　　心智圖,又叫心智導圖,是表達發散性思維很有效的
圖形工具,是很好的OKR撰寫工具,可以將各級主題的
關係以層級形式表現出來,這與OKR中「目標」和「關鍵
結果」的隸屬關係,有異曲同工之妙。

　　以我輔導的一家保險公司為例,如圖2-7所示。

圖2-7　某保險公司2019年下半年OKR心智圖

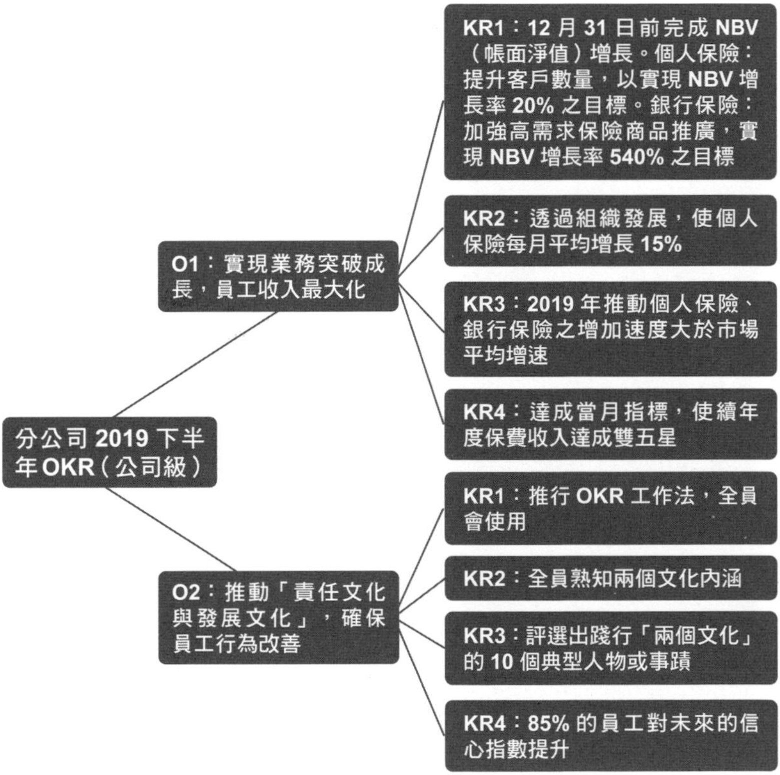

```
                                          ┌────────────────────────────┐
                                          │ KR1：12 月 31 日前完成 NBV   │
                                          │ （帳面淨值）增長。個人保險： │
                                          │ 提升客戶數量，以實現 NBV 增  │
                                          │ 長率 20% 之目標。銀行保險：  │
                                          │ 加強高需求保險商品推廣，實   │
                                          │ 現 NBV 增長率 540% 之目標    │
                                          └────────────────────────────┘
                                          ┌────────────────────────────┐
                                          │ KR2：透過組織發展，使個人   │
                                          │ 保險每月平均增長 15%        │
                 ┌──────────────┐         └────────────────────────────┘
                 │ O1：實現業務突破成│        ┌────────────────────────────┐
                 │ 長，員工收入最大化│        │ KR3：2019 年推動個人保險、  │
                 └──────────────┘         │ 銀行保險之增加速度大於市場   │
                                          │ 平均增速                    │
                                          └────────────────────────────┘
┌──────────────┐                          ┌────────────────────────────┐
│ 分公司 2019 下半│                         │ KR4：達成當月指標，使績年   │
│ 年OKR（公司級）│                          │ 度保費收入達成雙五星        │
└──────────────┘                          └────────────────────────────┘
                                          ┌────────────────────────────┐
                                          │ KR1：推行 OKR 工作法，全員  │
                                          │ 會使用                      │
                                          └────────────────────────────┘
                 ┌──────────────┐         ┌────────────────────────────┐
                 │ O2：推動「責任文化│        │ KR2：全員熟知兩個文化內涵   │
                 │ 與發展文化」，確保│        └────────────────────────────┘
                 │ 員工行為改善  │         ┌────────────────────────────┐
                 └──────────────┘         │ KR3：評選出踐行「兩個文化」 │
                                          │ 的 10 個典型人物或事蹟      │
                                          └────────────────────────────┘
                                          ┌────────────────────────────┐
                                          │ KR4：85% 的員工對未來的信   │
                                          │ 心指數提升                  │
                                          └────────────────────────────┘
```

在家上班不軟爛：
OKR的高效遠端辦公

2020年，新冠肺炎在全球肆虐，大眾無法再像過往般的頻繁接觸，各大企業紛紛以「遠端辦公」減少人與人的面對面接觸。這樣新型態的工作方式，OKR是否也有所幫助呢？

▍遠端辦公效率更好？

遠端辦公就是不進公司，改以在家工作。這好像違反了我們的常識：在家工作算上班嗎？在過往的觀念裡，「上班」這個詞代表了從家移動到辦公室，這個轉換正是生活與工作的區別。在家工作，能分清楚工作和生活嗎？

其實，「遠端辦公」並不是多新鮮的概念。日常生活中隨時可以發現許多類似的場景：

寶鹼（P&G），員工每週自選一天在家辦公；

跨國企業，員工處在不同時區，工作時間不同；

企業裡的銷售人員、現場服務人員不需進辦公室；
管理者即使人不在公司，也在處理工作……

這些都是遠端辦公，在家工作只是遠端辦公的一種形
式而已。

遠端辦公有以下兩個典型的特點：

・團隊成員不能隨時隨地面對面接觸（對溝通協作的
　挑戰）。

・管理者不能隨時「看到」員工（對管理控制的挑
　戰）。

除了在特殊情況下必須選擇遠端辦公外，還有其他原
因嗎？

① 房地產價格提高，房租成本快速增長。在家工作可以
　顯著減少公司營運成本。

② 交通壓力大，通勤時間過長。上海員工平均通勤時間
　為五十四分鐘。2017年，劍橋大學調查顯示，通勤超
　過一小時的上班族，出現憂鬱症狀的機率比平均高出
　33%，產生與工作相關壓力的風險高12%，每晚睡眠時

間不足七小時的可能性高46%。

③人才競爭壓力。企業爭奪人才,開放式人才的合作和人力聘雇方式的多樣化(約聘、派遣、外包等),使企業必須滿足人才的需求。

④可提升員工滿意度。提供更靈活的工作時間,讓員工實現工作與生活的平衡,很多員工寧願放棄部分薪水,選擇靈活的工作方式。

　　疫情當前,遠端辦公好像是一種逼不得已的選擇。但實際上,這是一種可選的方式,甚至是一種趨勢。

　　日本政府為了緩解東京奧運會期間的交通壓力,2019年在東京試行「在家遠端辦公」計畫,約有六十萬人參與該計畫在家工作。

　　也有許多企業主動實行這項政策。根據調查機構Global Workplace Analytics 的研究,自2005年以來,遠端工作者增加了140%。遠端辦公在過去十年中增長了115%。在美國,至少有四百三十萬人有一半的時間在家工作。

　　但也很多企業會擔心:遠端辦公,會不會降低員工的

產出？沒有「看見」員工，會不會沒有將時間投入工作中；管理者不能隨時指導、糾正員工的行為。

其實我們要的不是工作時間，而是「精力的投入」和「產出的增加」。

上海的攜程網曾進行為期九個月的實驗，研究「在辦公室辦公和在家辦公的效率對比」。研究人員發現：在家工作的員工其工作效率提高12%，其中有8.5%來自更長的工時（主要原因是休息時間縮短和病假時間減少），3.5%來自每分鐘更多的工作量。研究人員認為，原因在於工作環境更安靜了。

遠端辦公不一定會讓產出降低，反而有可能提高產能，原因在於：

①工時增加了：由於工時靈活，員工可以自由安排工作的結束時間。當員工對於工作全神貫注時，他們就不會被工作環境或通勤給限制住，而自主決定什麼時候「下班」。
②精神更集中：在辦公室工作，我們的工作時間很容易

「被劃分成一個個的小區塊」，隨時會被電話、會議給
打斷。但遠端辦公讓我們全心處理一件事，得以提高
效率。

③ 自我管理能力提升：在沒有管理者監督的情況下，會
讓員工更關注自己的產能以及對公司的貢獻。更重要
的是，員工會思考自己的工作，瞭解自己的角色價值
和能力興趣，找到自己的定位，提升能力和敬業度。

　　隨著個人電腦的普及，開始出現遠端辦公。而隨著網
路科技的發展，智慧手機、線上溝通協作軟體、雲端、
5G網路，都提升了遠端辦公的技術。人才的競爭、大眾
對工作的認知、生活觀念的變化，大大增加了遠端辦公的
趨勢。

遠端辦公管理模式

　　雖然「遠端辦公」是趨勢，但對我們來說也不是改變
一下工作形式就可以了，而是需要建立對應的管理模式。
對於現在提出的「在家工作」也一樣，需要配套相應的管

理方法。

　　企業的遠端辦公管理模式，需要關注四個重點。

◆ 心態準備

組織

　　現行的管理工具、流程和方法都建立在「控制」的基礎上，必須透過獎勵和懲罰來引導員工。這種方式，需要管理者能「看見」員工，但遠端辦公很難管理該怎麼辦？

　　要轉變管理思維，相互信任。

　　管理者需要信任員工，相信員工能對工作負責，能自我管理，而不是千方百計逃避工作；員工需要信任管理者，相信管理者能夠客觀、公平地評價自己，而不是極力投管理者所好；同事需要信任彼此，相信彼此會相互幫助，而不是互相推諉、爭鬥。

　　這種信任，需要高階管理者有開放心態，相信「信任」的力量。

　　在開始前，我們可以嘗試進行自我對話：

　　・過去，我（員工）是靠別人監督才會自主工作嗎？

　　・過去，我（員工）不在公司工作，產能有下降嗎？

・現在，對於那些優秀部門或員工，我（管理者）指導得多嗎？

管理者

管理者需要做好準備，看看自己是否做到：

・能以開放的心態接受嘗試，並能承擔失敗。

・與員工建立明確的共同目標。

・擁有暢通的團隊溝通管道。

・及時給予員工認可和回饋。

・依據產出／貢獻，而非態度來評價員工。

・能夠公正給予員工評價及鼓勵。

員工

員工也要時刻對自己進行評估：

・我靠得住嗎？我能做到「凡事有交代，件件有著落，事事有回音」嗎？

・我能有效管理時間嗎？

・我能自主解決問題嗎？

・我能積極有效地與人溝通嗎？

◆ 資源保障

遠端辦公需要有配備相應的資源,包括以下幾方面。

遠端存取

提供遠端存取的資訊通道與許可,使員工能夠連線進入公司資料庫、專用系統軟體。目前這些需求可以透過遠端伺服器來滿足。

即時溝通

提供線上聊天、線上文件交換、線上會議工具,保持溝通便捷。目前,可以透過類似的軟體非常多。

共用文件

提供檔案共用工具。

任務管理

提供目標與任務的管理、公開、追蹤等功能的工具。

　　而上述的所有前提，是員工應該擁有一台安全的筆記型電腦。

◆ 目標管理

　　傳統的辦公，可以依靠任務和主管的走動來管理，遠端辦公就很難這麼做，但OKR可以有效協助。OKR的目標管理與遠端辦公管理背後的思維是一致的：信任員工，依靠員工的自我管理。

　　我們提出的OKR落實模式，可以充分應用在遠端系統管理中。下面的OKR管理會議完全可以用「線上方式」辦理，例如，面對愈加嚴峻的疫情，建議每週召開OKR管理會議，以更迅速地因應環境變化。

線上共識會議

　　如果沒有制定OKR，可以先進行OKR線上共識會議。員工根據團隊和企業目標，制定自己的OKR，明確訂定一個週期的關鍵事項與主要產出。透過目標透明共用、團隊會議等方式，實現OKR的「上下對齊、左右協同」。OKR線上共識的關鍵是建立員工的目標感，讓員工

對目標負責。

線上回顧會議

在遠端辦公管理中，OKR回顧會議非常重要，可以有效管理進度，讓管理者放心、讓員工聚焦在工作上。它實現了從「時間管控」過渡到「產出管理」的過程。

前面提出的「洋蔥會議法」可以這樣調整：

線上日會

每日選擇固定的時間，如早上九點，讓團隊成員透過線上軟體，報告自己昨天完成了什麼、今天計畫做什麼、有什麼困難或挑戰。

線上週會

成員必須在每週五更新下週工作計畫，使工作能更符合需求，推動目標與關鍵結果的進展。在週會中，成員需要回顧本週工作的完成狀況和下週的計畫，而管理者提供回饋，包括過去一週對該成員工作的認可或建設性回饋、任務順序的調整建議、基於目標成功的討論。當然，在會

議上可以進行團隊協作討論和智慧共享、可以調整O或KR，甚至是修改，也可以重新分配順序和資源，以更妥善地支撐團隊、實現企業目標。線上回顧會議的關鍵是建立員工的責任感，讓員工靠得住。

線上檢討會議

如果一個週期結束後，還需要繼續遠端辦公，也可以進行OKR的線上檢討會議。員工對自己的OKR提出檢討，彙報OKR完成情況，反省本階段的優缺點，並在實踐中學習。線上OKR檢討會議的關鍵是提升員工開放性，讓員工不斷成長。

線上會議注意事項

召開線上會議需要注意以下幾點：

- 規劃時程，讓所有與會者妥善安排時間（防止被打擾）。
- 準備好軟硬體（網路、發言時注意事項）。
- 確定檔案共用方式。
- 確定會議記錄者。

以OKR目標管理為核心，建立遠端辦公管理的目標管理機制，是每家企業現在最緊急的任務。

◆ 賦能支持

員工轉變工作方式，也需要組織建立起賦能（empower）體系，人力資源部門在遠端辦公管理中可發揮重要的作用。透過引導、活動、追蹤等方式，對員工賦能，幫助員工因應眾多變化帶來的挑戰。我們建議人力資源部門可以針對以下主題，安排線上教育訓練，或在企業平台宣導：

- 如何準備適合的工作環境，實現工作儀式感？
- 如何避免分心、被打擾？
- 如何區分工作與生活？
- 如何更妥善地離線管理工作？
- 如何與同事進行有效的線上溝通（電子郵件／電話／線上通訊等）？
- 如何與上級進行有效的線上互動（電子郵件／電話／線上通訊等）？
- 如何讓客戶保持信任？

・如何保持身體健康？

・如何使自己不孤獨，保持心理健康？

　　當「在家上班」成為必要選項時，企業要抓住這個時機，建立遠端辦公管理模式。

　　對於企業來說，遠端辦公管理模式可以：

①作為企業管理體系的備份，以及危機應對方案。

②作為建立虛擬團隊、敏捷團隊的基礎。

③作為降低企業成本的可選方式之一。

④作為人才競爭與吸引人才的一項有力法寶。

⑤更重要的是，透過「遠端系統管理」提升員工自我管理能力，推動從任務管理到產出管理，從任務思維到價值思維的轉變。

　　在建立遠端辦公管理模式過程中，企業要關注以下兩方面。

①產出的變化：選擇可以明確衡量產出的工作，比如軟體開發、線上銷售等，確定關鍵指標，並追蹤這些指標，發現是否有變化。

②管理的變化：透過訪談或調查等方式，評估員工的自
　我管理、團隊溝通、團隊協作等要素，是否有所改變。

　　我們不僅需要評估這些變化，還要深入分析其原因，
調整遠端系統管理模式，使其更趨完善。未來企業將面臨
新環境下的挑戰，希望OKR管理模式可以幫助企業進行
遠端辦公管理。

培養管理者成為OKR教練

　　唐經理是某公司的全國行銷經理，經常跟他主責的專
賣店員工交流，談話內容大約是這樣：你怎麼看待這份職
業？你覺得自己為誰工作？每當有人回答是為老闆工作的
時候，他就會幫他們釐清思路：打工是你生存的需要，而
職業則為你提供一個飯碗，你是在為自己工作。他還會引
導員工往長遠看：未來想達到什麼樣的目標，現在和未來
存在哪些聯結。

　　透過這樣的對話，專賣店員工變得積極了，會主動承擔責任，有些話也敢說了。由於員工的思想發生了很大改變，專賣店的業績也一再創下新高。

　　唐經理運用的就是「教練」的智慧。我的導師瑪麗蓮・阿特金森博士（Marilyn Atkinson）是「成果導向教練模式」的創始人，她對「教練」這樣定義：教練是一個自我發展的獨特過程，透過有力的提問，關注未來，與客戶或團隊建立同盟關係，尋找「以解決問題為焦點」的行動步驟，而不是僅僅提供建議。

　　什麼是OKR教練？我認為，OKR教練就是在管理團隊時，用OKR方法制定工作目標，並且運用教練技巧，啟發成員挖掘潛力，克服困難，實現目標，為團隊和個人業績做出貢獻的管理者。

　　在企業導入OKR之後，我希望管理者都能成為OKR教練，持續推動OKR的落實與目標的達成。

引導成員的三個技術

聯想企業創始人柳傳志曾寫過一封信給楊元慶（現聯想集團執行長）。在信中，他表達了對楊元慶業務能力的認可，還建議楊元慶反省自己的優點和缺點，以邁向「更高的台階」。這封信以兩個問題結束：「你是不是真的吃得了這份苦，受得了這份委屈，去攀登更高的山峰？你自己反省一下，如果向這個目標邁進，你到底還缺什麼？」

柳傳志以教練的方式引導楊元慶聚焦目標，面向未來，鼓勵他為未來做準備。懂得如何發問，才能引導員工覺察問題出現的原因，找出解決的方法。安迪‧葛洛夫認為，管理者與下屬的談話可以「提升下屬的工作品質，九十分鐘的談話可以影響下屬兩週的工作效率」。

在與員工溝通時，管理者扮演OKR教練角色，談話應該是開放式的雙向溝通，提出的問題應當是中立的、有方向的和有建設性的。

那麼，管理者應該如何成為OKR教練？我建議可以從三個層面入手：

第一，幫助員工尋找方向，設定目標，制定OKR。

目標不明確，往往是員工的績效不能達到領導者預期的重要原因。在日常工作中，員工們面臨太多選擇，不知道什麼是最重要的；受到外界的影響，不能專心工作，無法聚焦目標；在工作中受到挫折，不能堅定信念……

作為OKR教練型領導者，我們可以透過五個計畫性提問幫助員工聚焦目標：

- 你想要什麼？
- 你怎樣得到它？
- 為什麼它很重要？
- 如何知道自己已經實現目標？
- 這是你想要的嗎？

問清楚這幾個問題，就可以幫助員工制定適合的OKR。

第二，檢查進度，幫助員工制訂改善計畫。

作為管理者，除了要跟員工一起展望未來，更需要關注目標達成的過程，與員工進行前瞻性的對話，分析問題產生的原因，引導員工制定改進措施。

對話主要圍繞幾個問題：

- 你目前正在做什麼事？做得怎麼樣？還可以做些什麼？
- 你的OKR進展得如何？在工作中是否遇到阻礙？需要我如何幫助你實現目標？
- 關於你的目標，我需要提供什麼幫助？

第三，引領員工看到願景，發揮潛能，戰勝倦怠。

達成目標的過程，就像爬山一樣，人們總會因各種原因而產生倦怠心理。管理者如果將願景視覺化，讓員工看到未來，就能夠拓展員工的視野，提升其繼續奮進的動力，使其能夠堅定戰勝困難的信心，持續前進。

如圖2-8所示，我們可以提出這些引導性的問題：

- 如果成功，是因為你做了什麼？
- 如果做好了，你會看到什麼？聽到什麼？感受到什麼？
- 如果成功了，主管會如何評價你？同事會如何看待你？家人會如何對你說話？

圖2-8　引導員工思考問題

　　下面我要推薦全球教練都在使用的GROW模型，並以此為OKR教練設計了題庫，供大家提問時參考。

GROW模型

　　GROW模型是目前最著名、最常用的教練對話模式，包括了教練對話的全部內容和流程。

　　G（goals），目標：針對可以測量的成果或結果，設置挑戰目標（O）。

　　R（reality），現狀：描述當前情況，探索深層原因，

發現事實真相。

O（options），選擇：建立行動所需的心態，找出所有可能的方案，選擇最有效的。

W（wrap up），行動計畫：討論可能的影響／障礙，制訂行動計畫，確認、支援、追蹤、核查要實現的目標（KR）。

OKR教練GROW模型題庫參考，如表2-8所示。

管理學大師肯・布蘭查（Ken Blanchard）說：「我認為每一個人都想要出類拔萃，領導者的職責就是發掘出下屬優秀的底蘊，並且創造出使下屬覺得有安全感、能獲得支持的工作環境，使下屬願意全力以赴地達成重要目標。這種責任是一種神聖的信賴，不可輕易背棄。引導他人發揮其最大潛能，是極其光榮的任務，不可等閒視之。身為領導者，我們的手中掌握著他人的命運，這雙手應當動作輕柔，送上關懷，並且隨時準備提供支援。」

表2-8　OKR教練GROW模型題庫

對話步驟	OKR教練可以選擇的問題
G（goals） 透過對話，確定本階段挑戰目標（O）	1.本年度／本季／本月，你希望達到什麼目標？ 2.這個目標為什麼對你這麼重要？ 3.為什麼你希望設定這樣的目標？ 4.這個目標的價值是什麼？ 5.當這個目標達成時，你會成為怎樣的自己？ 6.目標達成，還有誰會受益？ 7.你怎麼知道達到目標了？如果達成，會看到什麼？聽到什麼？感覺到什麼？ 8.對於這些結果，你個人有多大的控制力或影響力？ 9.具體來說，你想在什麼時候達到這個目標？ 10.達到目標的過程中，有什麼可以當作里程碑？ 11.這個目標是積極、有挑戰性、可以達成的嗎？ 12.你會如何來衡量它是否達成？
R（reality） 透過對話，瞭解現狀，啟發思路，探索實現目標的可能性	1.說說你對現狀的看法／你怎麼看待現在的情況？ 2.說說你對現狀的感受／你對當前情況有何感覺？ 3.你如何達成目標，現在的情況如何？現實的情況如何（什麼事、什麼時候、在哪裡、有多少、頻率等）？ 4.要達成目標，你需要什麼能力？你擁有哪些能力？ 5.你採取了什麼行動？效果如何？ 6.是什麼事會阻礙你採取更多的行動？ 7.實現目標，當前問題會產生什麼變化？還會涉及誰？ 8.你覺得是什麼導致現在這種情況？ 9.你掌握著什麼資源，例如後援、時間、金錢、知識、技能等？ 10.你還需要什麼資源？ 11.你希望當前形勢出現什麼變化？你遇到的障礙包括什麼？

對話步驟	OKR教練可以選擇的問題
R（reality） 透過對話，瞭解現狀，啟發思路，探索實現目標的可能性	12.維持現狀從哪些方面對你有利？ 13.維持現狀的後果是什麼？ 14.你發現了什麼？
O（options） 透過提問和探索，找出實現目標的可行方法和手段	1.你能做什麼？ 2.你還有什麼選擇？ 3.你現在有可能的解決辦法嗎？ 4.解決這個問題有幾種不同的方法？ 5.如果你有更多時間解決這個問題，你會怎麼努力？ 6.如果你時間不夠呢？你會被迫做什麼嘗試？ 7.若你比現在更有信心，你會做什麼不同的嘗試？ 8.如果你是這個領域的專家，你會怎麼做？ 9.如果有人說「錢不是問題」，你會怎麼做？或者如果你有足夠的資源和時間，你會怎麼做？ 10.如果這是世界上最重要的事，必須在24小時內完成，你會做些什麼？ 11.如果你無所畏懼，你會做些什麼？ 12.你的主管／伴侶／同事會要求你做什麼？ 13.你的直覺是什麼？你的內心告訴你要做什麼？ 14.假如你達成目標，可能是因為你採取了什麼行動？ 15.如果能請到專家指導你，你希望他的建議是什麼？
W（wrap up） 最後確定行動計畫，建立信心去完成（KR）	1.你對哪些方案感興趣？你選擇了哪些方法？ 2.這些方案吸引你的地方是什麼？ 3.你所選的方案之間有何聯繫？ 4.你認為這些方案會有什麼潛在的影響？ 5.為了達成目標，這些方案可以幫助你多少？若不能達到目標，是缺少了什麼？

對話步驟	OKR教練可以選擇的問題
W（wrap up） 最後確定行動計畫，建立信心去完成（KR）	6.如果你要放棄這些方案，原因是什麼？ 7.你會在什麼時候開始、結束每項行動或步驟？ 8.你採取這些行動，會有哪些阻礙？ 9.採取這些行動，你個人方面有什麼阻力？ 10.你怎麼消除這些外部或內部的阻礙因素？ 11.採取這些行動最壞的影響是什麼？ 12.誰應該知道你的行動計畫？ 13.你需要什麼支援？誰來提供這些支援？ 14.要完成這些行動，以1~10分計，你能承諾盡到幾分力？ 15.在接下來的4~5個小時裡，你可以做的小行動是什麼？ 16.去做吧！現在就承諾開始採取行動！

TIP

Google 高效率主管的八個習慣

1. 成為一個好教練。

2. 避免過度控制，進行充分授權。

3. 對團隊成員的成就和心情保持高度興趣。

4. 關注生產力，以結果為導向。

5. 能夠成為一個很好的溝通者。

6. 幫助團隊成員發展職涯。

7. 為團隊設置一個明確的願景。

8. 用你的技術能力提供建議。

　　肯‧布蘭查告訴我們，要信任員工的能力，尊重員工的價值，並引導員工發揮其潛能，最終實現重要目標。管理者需要有敏捷的洞察力，用教練的方式引導員工聚焦未來願景，找到他自己的目標和夢想，並能夠自己解決問題，實現自我超越和成長。

激勵：從外部動機轉向內部驅動

　　周鴻禕研究所畢業之後，深圳的一家銀行向他發出聘書。面對這個端到眼前的「鐵飯碗」，周鴻禕拒絕了。他去了北大方正（北京大學投資創辦的控股集團）做程式設計師，月薪只有八百元人民幣。

　　程式設計師的工作重複、瑣碎，他的同事經常玩遊戲、吃零食或看電影來打發時間。然而周鴻禕卻視若無睹，每天除了吃飯、喝水之外，就是坐在辦公桌前專心地工作。他說：「沒有寫過十萬行程式，別奢談做大專案。」

在周鴻禕看來，每天寫程式的日子並不枯燥，因為他的心裡有一個夢。他在自傳《顛覆者》中寫道：「不斷編寫自己的程式，發現自身缺陷，以及熟練掌握各種資料介面的調整和資料調用的應用。透過大量實踐，慢慢培養對產品、對商業的感覺。」

周鴻禕白手起家，打造了全球第二的網際網路安全企業，他的成就與他的韌性、毅力不可分割。他把任何工作都當成自我進化的機會，是因為他有強烈的驅動力。這份驅動力來自他內心對夢想的渴望。

卓越或平庸，有時只在一念之間。內在驅動力是一股神奇的力量，能使我們忍受平庸生活的種種枯燥、煩瑣和繁重，從中汲取能量，最終成為最好的自己。OKR就是一個能激發員工內在驅動力的工具，使他們能夠在工作中找到自己、定義自己，實現自我價值。

█ 內在驅動的魔法

人在從事某項活動，都受動機的驅動。動機包括外在

和內在。外在動機是指以獲取金錢、獎品、食物等物質獎勵，作為行動目標的動機。內在動機讓人們隨興趣自主選擇，並積極地挑戰自我，追求工作本身帶來的樂趣，產生滿足感和自豪感。

趨勢專家丹尼爾‧品克（Daniel Pink）在《動機，單純的力量》（大塊文化，2010）一書中闡述了這樣的觀點：物質激勵會減弱內在動機，降低績效；鼓勵不道德行為，減少創造力；使人的思維變得短視。要讓員工在團隊中的表現更傑出，我們需要將對員工的激勵由外部驅動轉為內部驅動。

心理學家馬斯洛（Abraham Harold Maslow）曾在《動機與人格》一書中提出人類五個層次的需求，分別是生理需求、安全需求、社交需求、尊重需求和自我實現需求。後來他涉獵東方文化，深入研究「自我實現」，創建了新心理學，稱為「超人本心理學」。在「超人本心理學」中，他提出在自我實現需求之上，還有一個「自我超越」的需求。

九〇後是伴隨著網際網路成長的一代，如今已成為企業人才的主體，九五後（1995年後出生者）也已經成為職

場的新生力量。他們大多是獨生子女，家境優渥，生理需求和安全需求得到滿足後，更加追求歸屬感、尊重、自我實現和自我超越。

被譽為「數字經濟之父」的唐‧泰普史考特（Don Tapscott）在《九五後職場畫像圖鑑》中說：「九五後普遍認為工作不只是滿足生計這麼簡單，能夠滿足興趣、實現人生意義更重要。」對這批年輕人來說，實現自我、超越自我是他們致力追求的目標，這便是他們的內在驅動力。

德勤（Deloitte）全球首席執行官奎勵傑（James H. Quigley）說：「我覺得他們非常能幹，很有能力，初入職場就已枕戈待旦，希望能面對挑戰。他們所具備的某些能力，是目前高齡員工初入職場時缺乏的。」對於企業來說，要使這批九〇後員工發揮能力，需要根據他們的需求特點，激發其內在動機。

美國心理學家戴希（Edward Deci）和萊恩（Richard Ryan）提出「自我決定理論」。該理論認為，社會環境可透過支援「自主」、「勝任」、「有趣」三種心理需要的滿足，來增強人的內在動機。（見圖2-9）OKR激勵機制能夠激發員工的內在動機，使「要我做」轉化為「我要做」，

促使員工持續高效率產出。（見圖2-10）

圖2-9　OKR與內在動機之間的關聯

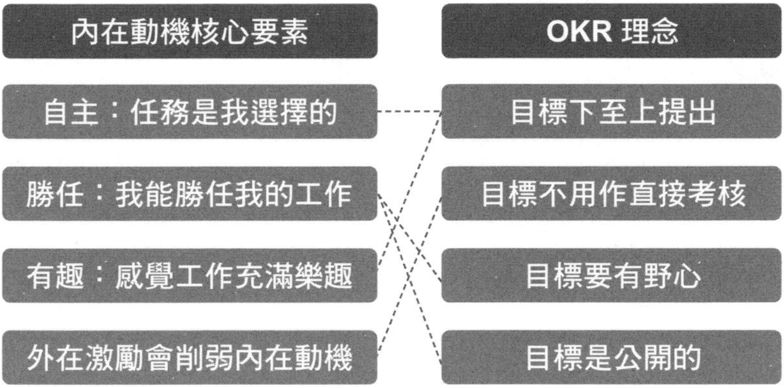

內在動機核心要素	OKR 理念
自主：任務是我選擇的	目標下至上提出
勝任：我能勝任我的工作	目標不用作直接考核
有趣：感覺工作充滿樂趣	目標要有野心
外在激勵會削弱內在動機	目標是公開的

　　首先，自主：員工是目標的發起者和執行者，具有充分的自主權。

　　其次，勝任：OKR是目標管理工具，不參與績效考核，鼓勵員工挑戰目標。

　　最後，有趣：做這份工作我感到快樂。

　　此外，OKR透明公開，能夠使員工感覺到被關注、被重視，增強其歸屬意識。

圖2-10　OKR激勵員工「我要做」

▎滿足員工的「自主需求」

　　網上曾有這麼一段笑話：「不要大聲責罵年輕人，他們會立刻辭職；但是你可以把那些中年人罵得狗血淋頭，尤其是有車有房有小孩的那些。」這個笑話其實也是現實的寫照——有個九五後女孩因為被老闆責備而辭職。在辭職信中，她說：「我要像風一樣自由。」

　　自由是人類永恆的追求，尤其是對九〇後、九五後的年輕人來說，他們嚮往自由、渴望自主。在傳統的管理模

式中，領導者大多直接對員工下命令。然而對於年輕的一代來說，這種管理模式會讓他們覺得自己的能力遭到質疑，在指令和命令式的管理下，他們的自主意識受到壓抑，因而更加抗拒，難以激起對工作的熱情。

丹尼爾・品克在《動機，單純的力量》一書中提到，「胡蘿蔔加棍子」的外部激勵措施已經失去了原來的作用：員工的積極性降低；創造力遭到抑制；有些人為了創造績效而撒謊，置企業長期效益於不顧……

「自我決定理論」認為，人是積極的有機體，先天具有心理成長和發展的潛能。自主需求是人主動改變自我的重要動機來源。OKR聚焦目標，關注過程，不考核目標的完成率。員工們不需要等待主管命令，而是從「要我做」變為「我要做」。OKR提供員工自我管理的機會，充分引導員工發揮自我主動性，滿足了員工的「自主需求」。

Google OKR的制定方式，「上至下」和「下至上」各占60%和40%。我們在制定OKR的過程中，要注意以下幾點，以滿足員工的「自主需求」：

第一，員工的目標承接上級目標，關鍵結果的制定，

要發揮員工的主觀能動性。

第二，管理者要鼓勵員工創新，允許他們自主提出能為公司創造價值的OKR。

第三，管理者可以透過教練的方式，引導員工設定「改善工作」和「提升能力」的OKR。

█ 全新的激勵模式：全員認可

人人都希望自己能被認可，這是由其社會屬性決定的，也是馬斯洛需求理論中所述，人們對尊重的渴求。唐‧泰普斯科特說：「網路一代的職員，有60%希望經理能夠每天給自己回饋，有35%希望一天能夠得到多次回饋。」

OKR的透明屬性，要求員工將自己的OKR公開。公開OKR可以讓員工透過挑戰型目標來激勵自己，在眾人的監督下，會加倍努力地展現「更好的自己」。

那麼，對於管理者來說，應當如何透過OKR來滿足員工被認可的需要呢？我們可以嘗試以下幾種做法：一是及時回饋、及時認可；二是採用「全員認可」體系，鼓勵

同事點讚、評論。

　　關於全員認可，舉兩個例子。

　　騰訊的每一位員工，每個月可以收到公司發放的六枚勛章，員工可以把這些勛章透過企業平台，贈送給其他幫助自己的員工，以資獎勵。領導者也會知道本部門員工收到了勛章。一季之後，被獎勵的員工可以拿累積的勛章去兌獎。

　　唯品會的公司App上也有全員認可功能，是公開發布表揚信。一個員工對另一個員工發送表揚信，全體員工都可以看見，因為大家都在公司群組裡面。最後，收到表揚信的員工也可以兌獎。

　　OKR激勵側重內部驅動，使員工在團隊工作中更有成就感和歸屬感，也能成為更好的自己。

3

提升個人競爭力
就靠OKR

　　你是否經常因為趕專案而加班？是否因為臨時發生的事而打亂原有的工作計畫？你是否因為追劇或沉迷於其他事而導致工作拖延？

　　2019年，一篇關於「九九六工作制」的討論在網上迅速蔓延。「工作九九六，生病ICU」是多少工程師的噩夢。九九六工作制，即每天早上九點上班，晚上九點下班，每週連續上班六天。

　　之所以要加班，很大一部分的原因是在朝九晚六的工作時間裡無法完成任務。「不要加班」是無數上班族心中的吶喊。我們要如何提高執行力和工作效率，更高效地完成工作呢？

　　OKR能讓我們擺脫拖延症的煩惱，提升工作效率和執行力，創造優秀業績。

工作時的方向盤與導航

微軟執行長納德拉（Satya Nadella）曾對員工說：「有五個人對微軟貢獻巨大。一是創始人比爾·蓋茲（Bill Gates），二是執行長史蒂夫·鮑爾默（Steve Ballmer），三是董事會主席約翰·湯普森（John Thompson），四是詩人奧斯卡·王爾德（Oscar Wilde），最後一個就是陸奇。」

陸奇是何許人也？他曾出任微軟集團全球執行副總裁，被稱為「矽谷最牛華人」，對微軟的發展貢獻良多，還曾出任百度公司董事及董事會副主席。

陸奇的成就離不開他的刻苦努力和自律。每天凌晨三點就起床收電子郵件，晨跑四英里，大約六點抵達辦公室。到公司後他先思索一天需要做的事情，才展開工作。七點前會處理完所有的電子郵件，八點前做好當天的工作計畫，九點和員工開晨會，晚上十點下班到家，看書一個小時，十一點休息。

　　一個人能取得多大的成就，往往取決於他所設定的目標。陸奇強烈的目標感使得他的執行快速、及時且高效率，也成就了他非凡的事業。

　　人生就像爬山，目標決定了我們的方向，也決定了我們所能達到的高度。英國著名作家和評論家約翰・拉斯金（John Ruskin）說：「無目標的生活，猶如沒有羅盤而航行。」OKR就是我們工作中的方向盤和導航，為我們指明努力的方向及如何實現目標，有利於提升我們的工作效率和執行力。

什麼是工作效率？

　　我剛進入外資企業工作時，主管就告訴我，收到電子郵件，儘量在三分鐘內回覆；如果來不及完成，也要告訴對方：「我已經收到你的郵件，一週內處理」。

　　這麼多年，我一直保持這個習慣。

　　很多人工作效率低下的原因就是做事拖延怠惰，執行力差。

　　工作效率是指單位時間內完成的工作量，泛指日常工作中消耗的勞力與所得的勞動效果的比率。說得白話一點，就是執行某項任務時，取得的成績與付出的時間、金錢、精力的比值。

　　工作效率，是衡量工作能力的重要標準。很多時候，我們忙得團團轉，工作效率卻不高。比如，本來一個小時就能解決的問題，用了整個上午的時間才處理好；本來一週可以完成的任務，結果用了三週才搞定，中間可能還需要不斷加班趕進度。

　　工作效率關乎我們的切身利益。如果我們的工作效率高，自然就能高效率完成工作任務，業績就會增加，升職、加薪也水到渠成。個人工作效率也與企業利益息息相關：如果個人效率提高，則企業整體效率提升，企業的效益也會增加。

▌執行力低的原因

　　什麼是執行力呢？對員工來說，執行力就是主管指派一項任務之後，能設法儘快完成，這包含三個方面：完成

任務的意願、完成任務的能力、完成任務的程度。

為什麼有的人執行力很弱呢？主要有以下幾種原因。

① 目標不明確。他們不知道自己的工作任務是什麼，不知道應該做什麼，自然無法執行。

② 不懂方法。有些人對主管分派的任務一頭霧水，不知道該從何處著手。

③ 眼界太窄。很多人面對繁瑣的工作，迷茫困惑，不知道自己為什麼要做這些事，也不知道做這些事有什麼好處，因此拖拖拉拉，不願意付諸行動。

④ 懼於壓力，設置障礙。面對繁重的工作任務，他們會在心理上自我設限，不斷找藉口拖延，例如時間不足或者準備不充分等。

▌OKR三位一體，為執行力護航

張一鳴在閒暇時，喜歡滑手機瀏覽新聞資訊。他發現很多新聞平台推出的新聞千篇一律，使用者很難看到自己關心的內容。如何從眾多的新聞中，找出用戶喜歡的呢？

張一鳴決心做成這件事，於是創辦了字節跳動，並開

始做「今日頭條」新聞。「今日頭條」頁面簡潔，搜索迅速，有熱點、社會、財經等十幾種頻道。

　　一段時間後，張一鳴進行了市場體驗調查，有用戶反映「今日頭條」上的正能量新聞少，知識性不夠強。於是他決定改版——他到處查資料，學習國外的先進經驗，在軟體中又加入了正能量、養生、歷史等頻道。經過這一次的調整，「今日頭條」的市場反應非常好。

　　張一鳴有著超強的執行力，他在公司創始之初，就大力推行OKR。我們也可以用OKR來規劃工作，用「OKR的三位一體」提高執行力和工作效率。「三位」，即目標、關鍵結果和任務。

　　「確認目標」是效率與執行力的前提。目標是方向，關鍵結果是實現目標的路徑，任務則是日常行為管理，就像方向盤和導航，為我們指引了目標和方向，告訴我們先走哪條路，再走哪條路，如何更快地到達目的地，一步一步走向目的地。

　　首先，我們要有明確的工作目標，這是規劃的第一步。可以將主管的關鍵結果逐步分解，轉化為自己的目

標，也可以根據自己的實際情況設定目標。我們需要釐清
自己該做什麼、什麼是最重要的事，然後寫出自己的工作
目標。目標必須要有挑戰性、可實現；要有數量限制，大
致上是每季二到五個。

　　其次，制定關鍵結果。僅僅依靠目標，是無法推動執
行的。目標只是指引一個方向，而關鍵結果可以用來衡量
目標的完成度，每個目標對應二到四個關鍵結果。

　　一般我會建議3×3或3×4的模式，也就是一季三個目
標，每個目標搭配三到四個關鍵結果。依我的經驗，無論
是工作量或工作效率都比較適合。

　　制定關鍵結果之後，每個關鍵結果再次分解到具體的
任務（或稱為行動步驟），也就是我們常說的任務（task）
或任務清單（to do list）。表3-1是我學員的作品，是非常
好的案例。

表3-1　學員的OKR和任務清單

目標	關鍵結果	任務清單
透過供應鏈管理創新建立最優庫存	KR1：擴大供應商「前移庫」和「通用物資整批詢價」的應用範圍，通用物資庫存總額不超過500萬元	T1：盤點供應商庫存和通用物資整批詢價應用現狀 T2：分析並制訂擴大應用計畫 T3：實施計畫
	KR2：重新梳理、制定倉儲物流線三級管理制度	T1：調查倉儲物流線管理現狀及問題 T2：制定制度 T3：組織利益相關方討論確定
	KR3：推廣使用物資管理平台，實現物資全過程資訊化管理	T1：確定推廣範圍 T2：組織相關人員培訓 T3：上線使用，追蹤並解決回饋的問題

　　設置的關鍵結果，必須能實現目標。如果所有的關鍵結果都達成了，卻沒能實現目標，可能有幾種原因：關鍵結果支撐力不夠；考慮的角度不夠全面。如果在實施過程發現這個問題，就需要及時調整，如果最後檢討才發現，只能分析原因，制訂下次的行動方案。

　　拿破崙曾說：沒有一場戰爭是按照計畫打的，但沒有一場戰爭可以在沒有計畫的情況下獲勝。凡事豫則立，不

豫則廢。毀掉一個人最直接的方式，就是讓他沒有目標地瞎忙。做任何事，都需要事先做好規劃。

一次管好目標與時間

潘正磊大學畢業之後就加入了微軟，成為一名軟體開發工程師。她所屬的小組開發的產品成長快速，幾個月的時間就衍生出三個版本，每個版本各支援六種語言，共十八個組合，每個組合都需要不同的策略。因此，她每天都要和小組成員、其他部門的人打交道。

每當有人來問問題時，潘正磊都要放下手中的事，去解決他們的問題。潘正磊每天忙得不可開交，工作時間不斷延長。雖然付出了很多努力，但是她卻覺得並未真正學到知識。

潘正磊很不開心，想找老闆溝通。在老闆的指導下，潘正磊定了一個「回答問題時間」，別人只能在這時段找她諮詢或尋求幫助。這讓潘正磊有足夠的時間來專心做自

己「想要做」和「需要做」的事。

除此之外，潘正磊還定了一個目標——讓其他組自力更生。授人以魚不如授人以漁，潘正磊的小組對其他組進行了一段時間的訓練，逐漸使其他組在遇到一般問題時都可以自行解決。潘正磊也得以有足夠的時間學習新技術和管理經驗，如今她已經成為微軟總部產品部門的總經理。

剛開始潘正磊不懂時間管理，每天面對的是忙不完的工作和不斷地被打擾。但她在學會時間管理之後，處理一切事情都變得遊刃有餘。

在我們的日常工作中，總會有各式各樣的干擾，影響工作效率。例如缺乏合適的團隊支援，未計畫的事件多次打斷工作進度，緊急不重要的工作占據了部分時間，別人提出的成果不佳、需要重做，主管的指令不夠清楚或不符合實際情況，有必須參加的會議等等。

我們需要學會管理自己的時間，管理自己的工作，做好目標管理與時間管理，OKR正是能將二者完美結合的有力工具。

▌分辨輕重緩急

要提高工作效率和執行力，首先要將「時間管理」與「目標管理」結合。

時間不會因為誰的意志而變化，它對任何人都一樣。但每個人利用時間的方式都不同。怎樣才能使時間具有意義？關鍵在於如何選擇和控制「事件」。

所有工作都可以按照「四象限法則」進行分類——重要又緊急的事、重要但不緊急的事、緊急但不重要的事、不緊急也不重要的事，如圖3-1所示。

圖3-1　按「四象限法則」對事件進行分類

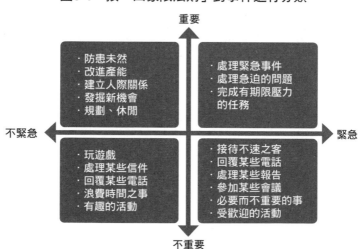

　　洛威茨（Rob Koplowitz）在《The Mckinsey Mind》一書中說：「從重要的事情開始完成，把零碎的時間和精力留給其他事情，這就是做事該有的次序。」我們要分清事物的輕重緩急。對於上述四類型，需要堅持時間管理的4D原則，如圖3-2所示。

圖3-2　時間管理的4D原則

　　第一，對於那些緊急又重要的事，例如應付難纏的顧客、處理客戶的抱怨投訴等，要「Do it now」，馬上去做，優先做。

　　第二，對於重要但不緊急的事情，例如提升組織及員

工能力、培養人才、拓展品牌等，要「Do it later」（稍後做），用OKR提前做好階段規劃，將目標分解落實到每一天，這樣才能防患於未然，減少那些救火的事情。

百度公司董事長李彥宏2019年「提升百度的組織能力OKR」如表3-2所示。

表3-2　李彥宏2019年提升百度組織能力OKR

O：提升百度的組織能力，有效支撐業務規模的高速增長，不扯戰略的後腿
KR1：全公司成功推行OKR制度，有效降低溝通協調成本，鼓勵大家為更高目標奮鬥，取得比KPI管理更好的業績
KR2：激發從ESTAFF[1]到一線員工的主角意識，使其比2018年更有意願、有能力進行自我驅動，管理好各自負責的領域[2]
KR3：建立合理的管理人員代謝機制，培養至少2名業界公認的優秀領導人物

提升組織能力非常重要、需要長期實施，所以一定要做好每年的計畫。如果你不做，時間會被緊急重要的事給

1　ESTAFF，高級管理團隊。
2　建議加入具體方法：透過新績效考核制度。

占據，讓你缺乏長期發展的能力。

我建議每個企業、每個團隊、每個員工，都認真思考：我的時間都去哪兒了？有沒有放在長期重要的事情上？有沒有提前規劃好？

第三，緊急但不重要的事情在日常工作中並不多見，這些事往往給我們一種「很重要」的感覺。但大多數時候，這些事只是在滿足別人的期望與標準，我們得要學會辨別。如果這些事只需要少少時間就能完成，我們可以儘快去做。如果這些緊急但不重要的事要花費較長時間，那麼我們可以「Delegate」，授權別人去做，或先做重要且緊急的事，再去做這些緊急但不重要的事。

第四，不緊急也不重要的事，例如與業務不相干的電話、玩手機或者閒聊，那就「Don't do it」，儘量不做。

完成關鍵結果的任務清單

為了使工作更有條理，我們可以為自己製作每週任務清單（如表3-3）。它是完成關鍵結果的行動，亦是執行神器之一 —— 先在紙上列出要做的事，然後問自己，在這

些工作任務中，哪一項最重要，要先做哪件事再做哪件事……以此類推，按工作的重要性，重新整理任務順序。

表3-3　每週任務清單

每週任務清單			
序號	任務分類	任務安排	任務總結
1			
2			
3			
4			
5			
6			
7			

　　任務清單要涵蓋三個部分，分別是任務分類、任務安排和任務總結。

　　任務分類，即任務的重要和緊急程度。任務安排，即根據任務分類，將相應的工作分配到一定的時段裡，目的在於幫助自己確認每天的工作內容和時間分配。任務總

結，即每天或每週結束時，根據實際的完成情況來填寫：
哪些工作完成了、哪些工作沒有完成、還剩多少、如何改
進……這有利於我們檢視工作的完成進度及完成效果。

　　完成任務清單其實就是為了完成OKR。制定任務清
單可以加強每日的自我管理，幫助我們釐清工作思路，保
持做事的條理，提升工作效率。

▍拒絕干擾

　　一般情況下，工作時的干擾不脫三個方面：主管、同
事和下屬。

　　主管的干擾通常是最難控制的。當主管不停地找我們
時，我們需要讓他清楚知道我們的OKR；帶著我們的
OKR主動提前溝通，讓他掌握我們的工作進度，以減少
干擾；學會管理上司，帶著備有解決問題的方案與主管溝
通，可以有效節省時間。

　　來自同事的干擾最難推掉。我們可以像前面案例的潘
正磊，設定一個「回答問題時間」，集中處理他人的問
題。要學會拒絕的藝術。

　　但是來自下屬的干擾很容易被忽視。我建議留出固定時間，供下屬彙報或提出問題，也可以安排其他閒置時間處理非緊急事件。

TIP

設立拒絕打擾時間

在座位上準備幾個牌子：忙碌中，請勿打擾；會議中，暫時離開；歡迎騷擾，時間為 ××× 等等。

▌ 高效率時間利用

　　介紹四個可以幫助你高效利用時間的工具。

◆ 柏拉圖法則（Pareto Principle）

　　又稱為二八法則，由義大利經濟學家柏拉圖（Vilfredo Pareto）提出，意思是讓20%的投入產生80%的效益。

　　我們在每天的工作中，總會有精力充沛的時候，也會有大腦疲勞不堪的時候。因此，要把握精力最充沛的時間，集中精力做重要的事。在疲憊時，可以停下重要的工作，去做一些瑣碎的事，例如處理郵件等。

◆ 吃青蛙定律

　　來自博恩・崔西（Brian Tracy）的《時間管理：先吃掉那隻青蛙》。「青蛙」是指最艱鉅、最重要的任務。

　　「吃青蛙」定律堅持三個原則：

①每天早上做最難的那件事，之後的一天內就沒有比這更糟糕的事了。

②面對兩件重要的事，要先做更重要的那件事。

③重要的事，要立即行動，說做就做；考慮得再周全而不行動也是無濟於事。

◆ 百靈鳥型人的時間管理

①早上，能力高峰期，處理複雜且重要的事。

②中午過後會有一段能力低潮期，等能力曲線回升後再做較重要的事情。

③晚上，能力曲線持續下降，這時候應該去做社交相關
　工作或例行工作。

◆ 瑞士乳酪技巧

　　將某個較大的任務當成一塊表面全是洞的瑞士乳酪。
像在乳酪上打洞一樣，將任務分成好幾份，利用零碎時間
「見縫插針」地處理，不要想著大塊的完整時間出現。例
如，要寫一本書，先將任務分解成幾個部分，明確計算出
每部分需要的時間，然後利用零碎時間每次完成。

　　德國著名思想家歌德說：「只要合理使用，我們總會
有充足的時間。」時間就像海綿裡的水，擠擠總會有的。

TIP

時間管理

1. 拒絕拖延症

- 把工作寫在紙上思考
- 工作前準備好所有資料
- 從小事做起
- 將任務分成幾個環節，分別進行
- 避免完美主義
- 保持快速節奏

2. 贏得時間錦囊

- 設立工作時段，集中處理重要任務或同類任務
- 設立拒絕打擾時間
- 重要的事擁有優先權
- 盡可能做真正重要的工作
- 學會授權，繁瑣的服務性工作可以借助他人之手
- 拆解任務，由大到小，由複雜到簡單
- 給每一項任務訂下完成期限
- 重點任務，儘早完成
- 根據自己工作效率或者注意力集中程度，規劃順序

溝通無障礙，效率升得快

　　伊利是一家跨區域的全國性公司，管理階層非常重視與員工的交流、溝通。伊利設有總裁信箱，所有人都可以寫信給總裁反映問題。而總裁也會按時查看信箱，解決員工所提的問題。

　　伊利還在2015年開啟「董事長C-Time關愛計畫」（C，communication，溝通；Time，時間）── 選擇全國重點區，由董事長潘剛親自帶隊，與員工一起打球、吃午餐，在這種輕鬆愉快的氛圍中，聽取員工的意見和建議。

　　在我們的工作中，經常會遇到這樣的情況，由於溝通不到位，組織目標出現嚴重偏差。如在專案工作中，我們需要進行良好的、積極主動的溝通，以確保專案順利實施、目標達成。OKR是一種精準、高效率的溝通工具，能夠消除同事間的疑惑，讓大家圍繞最重要的目標，聚焦到關鍵的成功要素上，從而提高執行力和工作效率。

　　真誠、平等的溝通，是實現團隊高效率協作的基礎。團隊間的溝通包含兩個方面：一是成員之間的溝通與交流；二是管理層與成員之間的溝通與回饋。透過良好的溝通，成員能夠知道彼此的想法，有助於管理者指導行動，消除彼此之間的誤解。

▌洋蔥式會議溝通

　　有些人不是沒有目標，而是繁忙的工作使他們忘記什麼才是最重要的事；有些人總會在工作時分心放空，回到現實時才發現時間已經過去很久了；有些人忙完一項工作後，不知道下一步要做什麼……

　　我們需要加強自我管理和自我監督，時刻提醒自己什麼是最重要的，如此才能形成自我約束力，專注於工作。

　　明確訂出要做的事情，這是首要任務。可以利用前面提的「洋蔥式會議」，讓主管和同事掌握我們工作的進度，以便根據我們的需求，提供相應的支援與幫助。

　　作為團隊一員，該如何運用洋蔥式會議與主管、同事溝通呢？

①每日朝會，可以用便利貼按照「三段論」的形式來陳述：昨天我做了什麼工作；今天我準備要做什麼工作；我遇到哪些障礙，需要哪些援助……利用三分鐘的時間把工作交代清楚，並把接下來要做的事寫在便利貼上貼出來，方便追蹤。

②每週週會，從四個方向來闡述自己的OKR：本週有哪些進步；遇到哪些障礙；下週的計畫是什麼；需要做什麼來改善OKR的結果。

③月會，介紹個人OKR的完成進度，分享自己成功的經驗、下個月的計畫；還可以提出在執行過程中遇到的問題與困難，尋求主管或同事的幫助；為問題提出解決思路與策略；確認工作中的狀態和進度。

④檢討會主要是回顧OKR的過程，透過對工作的總結，進行OKR評分和回顧，可以收到同事和主管的建議。還要制定下一季的目標，如圖3-3所示。

圖3-3 OKR檢討過程示意圖

　　透過洋蔥會議，可以定期與同事、主管保持良好溝通，知曉彼此的目標和執行進度，還能獲得相應的回饋和支持，這樣更有利於我們工作的完成。

▌每週主動簽到

　　除了透過日常會議與主管、同事溝通外，還可以用每週簽到（weekly check in），主動向主管彙報工作計畫與工作成果。每週簽到是德勤公司在進行全球績效管理改革時，提出的一個敏捷工作方法。

那麼，我們如何用這一方法與主管溝通呢？

首先，每週一制訂好執行神器——自己的週計畫（參考表3-4），找主管彙報，表達這一週的目標；週五時，再跟主管彙報這一週做了什麼、完成度是多少，以及遇到什麼難題等等。

表3-4　週計畫範本

每週更新	季OKR	
P1： P2： P3：	O1： KR1： KR2： KR3： KR4：	O2： KR1： KR2： KR3： KR4：
月計畫	風險預估	
P1： P2： P3：	P1： P2： P3：	

註：P（Priority）指優先順序事件。

主動溝通不僅能給主管好印象，也有自我督促的作用，提升工作效率，同時還能從主管那得到實質幫助，有利於工作目標的實現。

DISC行為分析法

你是否曾在與同事溝通時，遇到這樣的情況：對他說了半天，對方似乎理解了，最後給的答案依舊不是你要的。有時候，你發現同事在工作中出現的錯誤，對方卻在你點出來的時候很不高興。

到底該如何有效溝通，才能讓大家共同把事情做好，又能保持良好的關係呢？

DISC 是美國心理學家威廉・莫爾頓・馬斯頓博士（William Moulton Marston）在1928年提出的人類行為模型。他認為，現代人的行為模式可以囊括於四個模型中——即支配型（dominance）、影響型（influence）、穩健型（steadiness）、謹慎型（compliance）。

支配型的人喜歡發號施令，做事獨立果斷，有很強的自尊心，喜歡挑戰、創新。與這類型的人溝通要注意三點：一是說話直截了當，切入重點；二是要掌握好時間，重視效率和速度；三是要重視他們的內心感受，在人多的場合要配合他們、關注他們，懂得捧場。如果你的主管是支配型的人，你在彙報工作時最好準備兩個以上的解決方

案，讓他們做選擇或判斷。

影響型的人熱情、樂觀，善於交際，喜歡表達，但是容易遺忘細節。與他們溝通時，要多給予讚美和認同，保持愉悅的交流狀態，不多談細節或數字。在與這類同事或主管交流時，一定要給他們表達的機會，談到細節或數字方面的問題時，可以寫下來，加強對方的記憶。

穩健型的人比較穩重，有耐心，不易生氣，但他們不善言辭，不喜歡改變，容易猶豫不決。跟這類型的人溝通，最好是採取一對一的方式；多多給予支持和鼓勵；同時引導他們去思考和做決定，透過「這件事你怎麼看」等問題來鼓勵他們敞開心扉。

謹慎型的人是完美主義，做事理性，擅長分析，注重細節。與這類人溝通，要做好充分的準備，提供完整的說明和明確資訊，要對他的精準表達肯定。

DISC理論展現了上述四種行為模式。透過DISC行為分析，我們可以瞭解他人的心理特徵、行為風格、溝通方式、激勵因素、優勢與侷限性、潛在能力等等，預期可能的工作表現。在執行OKR時，如果需要同事協助，就可以根據這些特點，找到正確的溝通方式，減少不必要的誤

解或者摩擦。另外，因為大家一起使用OKR，也就有了共同語言，讓不同風格的人在溝通時能共同聚焦，避免因為風格不同而引發的誤會和衝突。

　　當然，每個人都是獨立而複雜的，不可能只侷限在這四種類型，要具體問題、具體分析，仔細觀察溝通對象、瞭解其行為模式，才有可能在相處時無障礙溝通。

在家也能有效辦公

　　新型冠狀病毒肺炎疫情期間，很多人開始在家上班。漸漸有人懷念早出晚歸的日子，想念早上九點鐘人擠人的地鐵，這多半是期望盡快擺脫「疫情封閉」狀態、和春天的到來，當然也和人們對「在家工作」的不適應有關。很多人發現「在家工作」太難了，很容易分心，惰性、拖延使自己的產能不高。「自律帶來更大的自由」，但做到自律好像真的比較難。

　　但是，真的沒有有效的辦法嗎？

我們結合在家工作常見的困擾，提出能穩穩提升效率的四步驟。

▌第一步：營造環境

與遠端辦公相比，正常的工作在工作環境上有以下特點：

- 固定的工作時間（上下班時間、休息及午餐時間）。
- 必備工作空間及辦公設備。
- 確定的餐飲安排（無論是由公司供餐還是外食，無須自己花時間準備）。
- 周邊的工作氛圍。

為了提高在家工作的效率，我們需要營造工作氛圍，把生活與工作區分開來。可以試試下面這些事：

◆ 安排每日工作時間

在家工作，也需要與正常工作一樣，安排好時間，確

認今天什麼時間工作，什麼時間下班。不妨把這時間規畫告知家人，以確保不受打擾。具體可以參考下表：

表3–5 在家工作的時間安排

時段	時間	工作時間／小時
上午	8：30—11：30	3
下午	14：00—17：00	3
晚上	19：30—21：30	2

我們可以將一天分為兩到三個時段，但所有累計的工時應要達到標準要求（法律規定每週工作五天，每天工作八小時）。這個時間表可以是固定的，也可以是彈性的，例如某天需要參加家長會或陪父母去看醫生，就可以靈活調整。這就是在家工作的最大魅力，可以靈活自由地安排時間。

但要記住：自由不是沒有計畫。自由不意味著隨時開始，而是依據計畫行事。只不過計畫可以靈活調整。

◆ 安排一個專用的空間

不進辦公室，不代表你不需要專用的工作空間。這個空間可以是書房，也可以是臥室。如果白天只有你一個人在，當然也可以選擇客廳，但注意要遠離電視。在這個空間裡，需要高速穩定的無線網路，還有專用辦公桌椅，座椅最好符合人體工學，因為久坐非常容易引起脊椎損傷。

進入辦公空間，開啟電腦，就代表「工作開始」，這讓工作有一種儀式感！當然，關上電腦就意味著工作時間結束。

◆ 備好飲食

每個人在家工作都會碰到一個問題：「要吃什麼？」你的糾結、你的準備，會花掉一定的時間。

建議你提前一天就做好準備。例如，提前一天準備好第二天的食材和菜單，或是前一晚就準備好第二天的食物。當然，你也可以選擇點外賣和外食。這對不擅長廚藝或容易糾結的人非常重要。

▌第二步：目標明確

在家工作的關鍵就是要明確設定目標、確定工作的優先順序。

◆ 建立階段性的OKR

OKR是一種結構化的目標管理工具，透過回答why（為什麼）、what（是什麼）、how（怎麼做）、how much／many（有多少）、when（什麼時候）等關鍵問題，徹底釐清期望。透過回答why，它讓我們思考究竟什麼工作是優先和有價值的，這賦予了我們工作的意義，從而提供工作動力。同時，它拆解了目標，確定策略、行動、產出以及完成的時間，為具體的任務行動提供指南。

但是在家工作，制定OKR有兩件事要注意：

① 週期可以更短，以一個月或兩個月，甚至一週為週期，加快節奏，提升產出。

②要與主管及關聯者溝通，達成共識。

◆ 制訂週計畫

根據OKR及其他的工作要求，制訂週計畫。週計畫是一個任務清單，它應該明確列出下面事物：

- ·具體的任務：要做什麼？
- ·任務的產出：如何判斷完成任務？
- ·任務的完成時間：什麼時候完成？

在制定任務清單時，要注意以下要點：

- ·每個任務，完成的時間不超過一天。
- ·每個任務，都應有完成標誌。
- ·任務的完成資訊，能夠共用和同步。

◆ 視覺化任務

有了週計畫，可以將任務視覺化，如製作看板任務。

這個看板包含三個重點：

- ·To Do：本週計畫要完成的任務。
- ·Doing：今天要做的任務。
- ·Done：本週已經完成的任務。

一個任務，不妨使用一張「便利貼」來記錄和管理。

視覺化任務，可以幫助大家自律，提醒自己在有限時間內應該完成的任務；而每完成一個任務都會有小小的成就感。讓便利貼幫助自我管理，學會自律。

▍第三步：深度工作

卡爾・紐波特（Cal Newport）在2017年出版的《Deep Work深度工作力：淺薄時代，個人成功的關鍵能力》引起了廣泛關注，尤其是在現在這個資訊時代。

深度工作，是指在無干擾的狀態下，專注地進行職業活動，使個人的認知能力達到極限。這種努力能夠創造新價值，提升技能並且難以複製。它是指長時間專注於一項困難的任務而不分心，讓自己達到完全忘記周圍事物的狀態，這種專注通常能讓你有最好的產出。

但是，我們經常會被社交媒體、新聞、資訊給打擾分心，很難專心做一件事而不被打斷。研究發現，注意力分散後需要二十三分鐘才能重新集中。我們該如何進入深度工作呢？

◆ 設定工作節奏

　　沒有人可以一整天都保持專注，建議可以設定一天需要進入深度工作的時刻。在設定的時候，必須考慮什麼任務需要深度工作？

　　並不是所有工作都需要進入深度狀態，既沒有必要，也耗費精力。人很難一直保持高度集中的狀態。深度工作與淺層工作的區別見表3–6。

表3–6　深度工作與淺層工作的差異

	特點	舉例
深度工作	有挑戰性，需深入思考，價值大	方案製作、程式設計、方案審核等
淺層工作	要求不高，路徑明確，價值低	回覆郵件、參加會議等

　　至於該任務是否屬於深度工作，可以參考以下問題：
- 該任務是否需要集中注意力？
- 任務需要有專門的知識技能嗎？
- 任務很難重複嗎？
- 該任務會創造新的價值嗎？

深度工作大約多長時間最好呢？建議設定在四十五分鐘到一個半小時之間。

我們可以在每個時段各選定一小段深度工作的時間。至於具體時間，不妨問問自己：一天中，我的注意力在什麼時候最為集中呢？

◆ 去除工作干擾

深入工作的前提是保持不間斷的專注，因此你需要一個無干擾的環境。這意味著要去除不必要的打擾——聊天訊息、電子郵件、會議、電話、社交媒體及其他雜音。由於這個原因，許多人紛紛執行嚴格的「隔離措施」：

- 將手機設定為「勿擾」模式。
- 將電子郵件設定為自動回覆。
- 告知同事「深度工作」的時間。

安排深度工作的時間可參考表3-7。但要注意的是，必須與你的團隊、主管達成共識：允許你不用及時回覆。

表3-7　安排深度工作的範例

上午	
06：00—08：00	深度工作：更新適用iOS系統的UI設計模型
08：00—09：00	休息，早餐
09：00—10：00	參加每週設計例會
10：00—10：30	預留：會議延時或處理郵件
10：30—12：00	深度工作：創建一個新的設計規範的功能評價
下午	
12：30—13：30	午餐，休息
13：30—15：00	深度工作：審核設計方案，提供詳細的回饋建議
15：00—16：30	查看資訊、郵件並回覆，溝通討論發布活動方案
16：30	結束一天工作

◆ 知道停止

　　根據注意力恢復理論，人的注意力是有限的，只能在一段有限的時間內專注於一項任務，直到它變得讓人筋疲力盡（通常是一、兩個小時）。

　　所以，我們要知道結束時間。

　　結束深度工作後，可以放鬆一下，例如看看新聞，滑

滑臉書、散步、運動。讓自己小小慶祝一下，也放鬆一下
大腦。

▍第四步：每週回顧

　　每週回顧是反省之用，讓我們檢視過去一週的成功與
失敗，並計畫下一週的工作。在回顧之前，需要對一些指
標進行記錄和評估，藉以判斷「工作效率」：

- 深度工作的時間
- 編寫程式的時間
- 完成的功能點……

回顧的時候，可以參考以下問題清單：

- 本週的總體感覺如何？
- 什麼事讓我在本週達到目標？
- 什麼事阻礙我本週實現目標？
- 本週採取了哪些行動來推動我實現長期目標？
- 下週我該如何改善？
- 下週我該怎麼辦，才能繼續實現長期目標？

每週回顧可以讓你更加專注於什麼事能夠幫助你完成目標，什麼事會吸引你的注意力，從而節省時間，有效提升效率。

營造環境、明確目標、深度工作和每週回顧，這是使在家工作更高效率的四個步驟。但是，至關重要的還是尋找初心。

初心，是指你感興趣的事，能發揮你優勢的事，可以實現自我價值的事。擁有初心，就能具備最大能量，獲得更多成果。

OKR責任制，你的工作你做主

《A Message to Garcia》（致加西亞的信）一書講述了個有關責任的故事。

美國與西班牙爆發戰爭。為了獲得勝利，美國需要聯絡西班牙的叛軍首領加西亞。然而，加西亞住在古巴叢林中，沒有人知道他的確切地址。正當美國總統一籌莫展

時，有人告訴他說一個名叫羅文的人可以找到加西亞。於是美國總統找來羅文，給了他一封「致加西亞的信」。

羅文出發前往古巴叢林。他經歷了海關檢查、陸地巡邏、叢林危機等等，每一次都困難重重，如履薄冰。但因為心懷信念，每次危急時刻，他都想盡辦法突圍解決。終於，他見到了加西亞，把信交給對方，並獲得最高禮遇。

羅文是一個虔誠的信差，在完成國家所託任務的過程中，始終抱著忠誠和責任之心。你的任務就是你的責任，不容推脫。然而，在實際的職場上，經常會遇到喜歡推諉的人。OKR責任制能實現「你的工作你做主」，讓推卸責任、找藉口為自己開脫的行為無所遁形。

OKR本人操之在手

在職場上，「主管不走我也不走」、「上班不做事」等形式主義的假加班是屢見不鮮。許多人對待工作消極懶怠，擅長打混摸魚，直到主管催促，才急急忙忙地趕工。

另外，「踢皮球」也是職場上的常見現象。有些人是

因為怕得罪人而推脫責任；有些人是怕做不好事、得扛責任；也有些人因為部門人多，就將自己的責任推給別人。例如，面對主管的指責時，有些人會著急辯解：「我就是照你說的做啊。」或者「這件事沒辦法在這麼短時間內完成。」、「我已經很努力了，可是對手太強。」也有些人會把責任推給其他同事「是他不配合我！」等等。

　　上述無論哪種情況，其實都是逃避責任，都會給團隊和企業帶來消極的影響。推卸責任，力求自保，那些想要認真完成工作的員工就變得孤立無援，從而影響工作進度；工作任務不能按時完成，自然影響績效；與同事之間產生矛盾，影響工作氛圍……這些都不利於企業的發展。

　　美國心理學博士艾爾森曾對世界上一百名來自各領域的傑出人士做過一項問卷調查，結果令人吃驚。這一百人中，有61%的人坦誠表示目前所從事的工作並非內心最喜歡的。他也發現這些人能夠取得如此成就，除了聰穎和勤奮，靠的就是內心裡強烈的責任感。

　　OKR透過層層分解目標，將工作任務落實到每一個部門、每一個人身上，並以書面記錄與公開，讓大家都能認清目標，擔起責任，規範行為，知道自己該做什麼、不

該做什麼。每個人的OKR都是本人制定、本人宣布、本
人執行、本人回顧、本人評分、本人改善提高，因此能夠
激發員工的責任意識。

總而言之：我的OKR我做主！

OKR視覺化：看得到就做得到

將OKR視覺化，就能時刻提醒自己聚焦目標，增強
責任意識，同時也有利於提升工作執行力和工作效率。

那麼，該如何將OKR視覺化呢？

可以準備一本記事本或便條紙，將OKR寫在上面，
貼到座位附近或是貼在電腦旁，這樣就可以時時提醒我們
要做什麼事、要完成什麼工作。也可以將OKR輸進電腦
裡，列印出來，掛在自己目所能及的地方，甚至是直接將
OKR製作成電腦螢幕的桌面或是螢幕保護程式。

當工作目標和工作計畫就在眼前時，它能提醒我們把
注意力放在最重要的事上，關注工作進度，提升工作的責
任感、目標感和緊迫感。

我自己就是把工作OKR和個人進修OKR貼在自家客

廳牆上，一抬頭就能提醒自己做了沒有，進度如何（見圖
3-4）。

圖3-4　個人OKR 視覺化示意圖

自我激勵，增強責任感

英國護理業鼻祖佛羅倫斯・南丁格爾曾說：「找藉口
是不應該的。我的成功歸於我從不找藉口，也絕不接受藉
口。」

那麼，除了上面提到的方法，還有其他方法可以增強

責任感呢？我的建議是自我激勵。

　　自我激勵是指個體具有「不需要外界獎勵和懲罰作為激勵手段，能為設定的目標努力工作」的心理特徵。例如，當在工作中遇到難以解決的問題時，我們不是怯懦地說「我不行」，而是不斷告訴自己「我可以」，透過心理暗示的方式為自己注入能量。

　　如何自我激勵呢？介紹幾種我常用的方法。

◆ 設定遠景

　　有些人工作消極懈怠、懶散頹廢，原因在於對自己的工作沒有明確規劃。如果確實規劃目標，知道自己為什麼而工作，就能找到奮鬥的意義。我在辭職後成立工作室，我為工作室定的目標是：成為中國企業管理創新改革的引領者。這個目標我覺得夠遠大，讓我下半輩子有得忙了。

◆ 制定具挑戰的目標

　　有些人缺乏工作的緊迫感，是因為不知道給自己施壓，目標定得太小。提高目標，才能激發工作動力，但是目標要清楚、有具體的截止時間、可衡量。

　　為了提高自己的專業能力，我給自己定下每月看五本
專業書的目標，相當於每週看一本多。由於我經常出差，
固定的看書時間並不多，最後我找到了最佳的看書時間，
就是在飛機上。但即使如此還是很有挑戰性，有時候太累
就無法完成，目前的達成率大約是七成。

◆ 重新詮釋失敗的意義

　　事情並非發生在我們身上，而是為我們而發生。一時
的失敗絕非永遠的失敗，而是學習的最佳機會，更是通往
成功的階梯。如果被主管責備，可以將它當成磨練自我的
好機會。

　　所以，每次遇到挫折，我就會對自己說：「太好了，
又給了我一次成長的機會，凡事必有其因果，必有助於
我。」

◆ 自省思考，破除盲點

　　如果努力過後也沒有得到想要的結果，就要與自己對
話：「為什麼沒有達成目標？是專案的問題嗎？還是我的
工作方法不對？需要調整嗎？我可以尋求哪些幫助？」此

外，還可以問自己：「我是否有進步？有哪些可取的地方？」

　　這個世界是平的，你要相信自己可以擁有你希望的資源，只要你願意去尋找。

　　我從小學開始美術能力就特別差，不會畫畫，一直缺乏自信，做了講師後，對自己的板書一直不滿意。看到非常好看的板書和圖畫，總是非常羨慕。於是我決定採取行動，不能再坐等下去。我問一個畫得好的朋友，妳天生就會畫嗎？她說她是學習後才會畫的，我一下子就有信心了，我也可以學。後來經朋友推薦，我學習了德國的視覺呈現課程。猜猜現在狀況如何？我上完課，學員忙著拍下我的板書還邊說：「老師的板書不僅有用還好看。」我挺開心，從小學開始的這個遺憾，終於在50歲時彌補了。

TIP

自我激勵

- 成功後獎勵自己吃冰淇淋。
- 每天早上起來對著鏡子說：我是最棒的。
- 回想自己的成就時刻。
- 告訴好朋友自己的想法。
- 先開始一小步。
- 記住：完成勝於完美。

　　著名石油大王洛克斐勒說：「一個企業所缺少的，不是能力特別出眾的員工，而是具有強烈責任感、時刻把責任和使命記在心頭的人。」積極的人為成功找方法，消極的人為失敗找藉口。推卸責任看似逃過一次的懲罰或批評，但其實是失去了一次成功的機會。而且，主管沒有那麼容易被蒙蔽，那些投機取巧、推諉責任的人，很難取得主管的信任。只有勇於承擔責任，積極主動解決困難的人，才能獲得賞識。

讓工作業績更有新突破

　　金昌順是海爾的員工，經過培訓後，做了海爾冰箱的總焊接工。他非常喜歡這份工作，立志要做「海爾焊接王」。

　　然而，他的工作熱情卻因為一次比賽大受打擊。在比賽中，他發現比自己優秀的人很多。帶他的師傅鼓勵他，只要每天堅持進步一點點，日積月累，總有一天，他的技能將大大的提升。在師傅的鼓勵下，金昌順每日苦練基本功，還經常在下班後找廢棄的管子練習焊接技術。經過長時間的努力，金昌順的焊接技術果然大有進展，成為海爾集團的焊接高手。

　　上面案例的「成為海爾焊接王」就是一個非常鼓舞人心的目標。金昌順能夠堅持自己的目標，不斷自我提升，是因為這個目標讓人實現了自我激勵和自我超越。OKR能夠有效激勵員工不斷超越自我，實現工作業績的指數級增長。

自我超越

　　隨著人們生活水準提高，需求層次也在不斷上升，對於很多人來說，做事的動力往往無關外在的激勵，而是內在動機。葛洛夫透過對馬斯洛需求理論的研究發現，對某些人來說，他們能夠透過自我激勵挑戰能力極限，實現自我超越。

　　OKR是一種目標管理工具，透過設定挑戰型目標，能夠激發員工的內在動機，實現自我超越。挑戰型目標有助於實現最大產出，正如葛洛夫所說：「如果領導者希望自己和員工都能取得最佳績效，那麼，設定具有挑戰性的目標就是非常必要的。」

　　因此，我們要敢於設定「膽大包天的目標」，要相信星星之火可以燎原。

設置信心指數

　　賴瑞・佩吉說：「多數人傾向於認為某件事不可能發生，而不是回歸現實世界的本源，去尋找可能實現它的機

會。」保守的目標會阻礙創新，OKR鼓勵我們設定具有挑戰性的目標，使我們不斷發揮自己的潛能，實現人生的各種可能。

在制定OKR的目標時，如何才能知道這些設下的目標具有挑戰性呢？

我們可以用信心指數來衡量。信心指數能夠幫助我們監控OKR是否具有挑戰性。在制定關鍵結果時，可以設置一個初始信心指數，即預計該關鍵結果成功的機率是多少。建議初始信心指數設定為五（範圍為一到十），即針對這項任務，有50%的信心完成它。如果低於這個數值，說明目標定得過高；如果遠遠高於這個數值，說明目標太簡單，不具備挑戰性。一般來說，我認為五到八屬於合理範圍。

設置信心指數，有助於鼓勵我們不斷向挑戰型目標前進，而不是糾結最後分數的高低。

在檢討時，我們可根據信心指數的高低，確認工作成果是否符合預期。例如信心指數為五的工作，如果最後OKR的評分是六分，也是值得鼓勵。而信心指數為九的目標，OKR評分最好為十分，如果只有九分，說明該項

結果不夠完美。OKR 雖然不追求分數的高低，但是要確保真的在突破與挑戰自己。

　　某位企業高階管理人的OKR（表3-8）很精準地說明了這一點。

表3-8　某企業高階管理人的**OKR**與信心指數

目標（O）	關鍵結果（KR）	信心指數（1-10）
「精準、高效率、及時、合規」地保障公司採購和物資供應	KR1：按照物資保障計畫和採購目錄，95%的專案在計畫時限內完成採購，到貨及時率達到98%。	8
	KR2：從嚴控制非公開採購比例，降低採購風險。公開採購率≥96%，競爭性談判採購率≤6%，單一來源採購率≤6%。	6
	KR3：公開市場／專業市場全年累計採購占比達到30%以上。	5

六頂思考帽

　　我們每天在工作中總會遇到各式各樣的問題和困難，是提升工作效率、實現業績增長的絆腳石。很多時候，這

些問題表面上是解決了，但並未根治，它們會在以後的工作中不停地使絆子。

　　為了有效解決這些問題，我們需要找到問題的源頭，將問題逐步拆解，並運用創造性的工具和方法，將它們逐一擊破。創新思維大師愛德華‧德‧博諾（Edward de Bono）提出「六頂思考帽」的思維方法，用六頂不同顏色的帽子代表六種創新思維方式，分別是白色、綠色、黃色、黑色、紅色、藍色（如圖3-5）。我在輔導京東實行OKR的過程中，看到他們在牆上貼出六頂思考帽，幫助OKR的落實。

　　白色帽子代表中立視角，係指根據客觀資料和數據來判斷。例如，當一個銷售人員在制定下個月的OKR時，他可以利用白色帽子思考：我這個月的業績是多少？我有多少客戶資源和潛在客戶資源？

　　綠色帽子代表創造視角，係指用創新思維考慮問題。我們可以用綠色帽子思考：什麼樣的創新關鍵結果可以更理想地實現目標，有哪些辦法可以幫助我們有效提高工作效率。

　　黃色帽子代表樂觀視角，係指尋找事物的優點和光明

面。在制定OKR的目標和關鍵結果時，可以用黃色帽子思考，完成目標能帶來什麼好處，能為公司帶來多少效益。黃色帽子讓我們對整個OKR抱持樂觀態度。

　　黑色帽子代表批判視角，係指從事物的缺點和隱患處看待問題。我們可以用黑色帽子思考，執行OKR的過程中可能會有哪些問題、出現哪些風險、需要提前做好哪些備份等等，以利於完成預防措施。

　　紅色帽子代表直覺視角，係指感性地看待問題。制定好OKR後可以問自己，這個OKR帶給我們什麼樣的感覺，信心指數是多少；它是讓我們充滿幹勁、有激情，還是讓我們感到壓力重重。

　　藍色帽子代表思考視角，象徵著思維中的控制與組織，根據理性思考來判斷。制定OKR的目標時，可以用藍色帽子思考：當前最重要的任務是什麼？希望能取得什麼樣的成果？

圖3-5　六頂思考帽

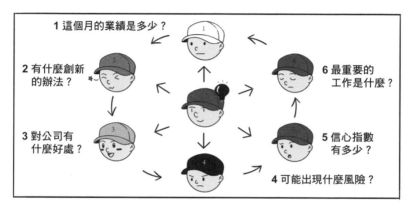

1 這個月的業績是多少？

2 有什麼創新的辦法？

3 對公司有什麼好處？

4 可能出現什麼風險？

5 信心指數有多少？

6 最重要的工作是什麼？

＊ 1~6 分別為白色、綠色、黃色、黑色、紅色、藍色帽子。

　　「六頂思考帽」是一種思辨性的思考方式，將我們從固有思考模式中解放出來，讓思考主題更加明確、邏輯更加清晰。將所有觀點併排列出，有利於激發我們的創造力，尋找問題的解決之道。

　　「六頂思考帽」將思考過程分為六個不同的角度，透過假想式轉換「帽子」，可以輕鬆聚焦思考方向，這正是實行OKR最需要的思維模式。OKR不只是種工具，還是一種思考模式。OKR思維加上「六頂思考帽」的組合，是更加完整、完美的思考模式。

4

突破職涯瓶頸
就靠OKR

　　一個人的一生，就是工作和生活的一生。所以，自從美國矽谷開始宣導OKR工作法，很多職場人士也把OKR運用在生活上。我決定推廣OKR工作法的同時，也分享OKR生活法，因為OKR就是一種生存方式。

　　職業生涯是人生中最重要的歷程，對人生價值具有決定性的影響。所謂職業生涯，是指一生中的工作經歷，特別是職業、職位變動及職業目標的實現過程。每個人的職業生涯都會經歷幾個階段，分別為成長階段、探索階段、確立階段、維持階段和下降階段。成長階段發生於零到十四歲，主要任務是認同並建立自我概念，對工作感到好奇，並逐步有意識地培養工作能力。探索階段發生於十五至二十四歲，主要透過學校學習進行自我考察、角色鑑定和職業探索，完成選擇職業及初步就業。確立階段發生於二十五至四十四歲，是大多數人工作生命週期的核心部分。維持、衰退階段則是維護已獲得的成就和社會地位，逐步退出職場和結束職業的過程。

　　在這一章，我們要針對職業生涯的「確立階段」進行重點分析。因為這一階段的人大多都處於「忙、盲、茫」的狀態：每天不停地忙，業績卻不甚出色；不喜歡做當下

的工作，提不起興趣，又不清楚應該朝哪個方向發展；職業發展遇到瓶頸，徘徊不前，看不到前途，卻不知該如何改善當下境遇；想要更穩定的工作、更高的收入，卻對跳槽猶豫不決。

作為職場人士，我們該如何發展個人優勢，確定自己職業生涯的發展方向呢？當人生夢想遭遇職場天花板時，又要如何抉擇呢？如何轉型開啟「第二春」，實現自己的人生夢想呢？如何才能成功跳槽，實現職位越跳越高，收入翻倍呢？

我的建議是使用OKR來確認、推動自己的職業發展。OKR不僅可以管理工作目標，還可以幫我們不斷突破自我，成為更好的自己，從而實現人生目標。希望每個人都能成為職場上行走的OKR。

規劃職涯中最重要的確立階段？

　　師範大學畢業後，我回到浙江老家當初中的英語老師。每天的生活平淡得像一壺白開水。因為我喜歡追求創新與變化，所以覺得那並非我想要的生活，我想要改變，換一種工作環境和生活狀態，於是利用空閒時間學習，考上研究所。

　　1996年，研究所畢業後，我來到上海，繼續做了五年英語老師。當時外企初入國內，有很多的工作機會。由於我有英語教育的工作經歷，再加上我喜歡育人，因此我很順利就進入外企做培訓。經過二十年的時間，我從培訓助理一路奮鬥到人力資源副總裁。

　　大約在2013年，Google經理瑞克‧克勞在網路上分享他的OKR管理方式，於是我開始研究OKR。我是美國人力資源協會的會員，所以特地去美國學習這個管理方法。我很想在華人地區推廣OKR，使企業能有所創新和突破。隨著年齡漸長，我也開始考慮自己的未來，思索自己在職涯的最後一段旅程。所以2016年，在臨近50歲的年

紀，我果斷辭職，創辦了姚瓊工作室。如今，姚瓊工作室
已是中國OKR培訓的布道者和領導者。

　　我人生的各個階段就是在不斷挑戰自己。無論是做英
語老師、到上海工作，還是繼續學習、辭職創業，我都不
斷地給自己設定新目標，實現自己的人生價值。我一直在
實踐一種精神，就是「OKR精神」（見圖4-1）。

　　凡事豫則立，不豫則廢。OKR完全可以幫助我們提
前規劃職業生涯。

圖4-1　我的人生三級跳

▌確立階段的特點

讓我們來瞭解確立階段的特點，結合特點才能更妥善設定OKR中的目標。

職涯的確立階段可以分為四個時期：迷茫期、成長期、成熟期、轉型期。

迷茫期大約是工作後的一至三年，由於工作經驗不足，這個時期很容易迷惘，開始想要跳槽。

成長期是工作後的三至五年，對企業文化開始熟悉，也建立了一定的關係網路，很多人會滿足於現狀，開始安穩度日。

成熟期是工作後的五到十年，這一時期的工作會逐漸走向穩定，可能會遭遇「職場天花板」。

轉型期是工作後的十至二十年，經過多年工作經驗、技能、資金的累積，逐漸走向事業的巔峰期，但是因為外界原因，會遭遇中年危機。

我也整理了這四個時期的特點、狀態以及相關建議如表4-1。

每個時期都有著不同的特點，我們可以根據所處階段的特點，設定相應的OKR來規劃職業生涯。

表4-1　確立階段的四個時期

	工作年限	特點	狀態	建議
迷茫期	1~3	頻繁跳槽	無方向、無能力	測評職業發展方向
成長期	3~5	溫水煮青蛙	有方向、無能力	加強核心能力學習
成熟期	5~10	職場天花板	有能力、無方向	內部轉職／外部跳槽
轉型期	10~20	中年危機	有方向、有能力	開啟斜槓人生／發現人生發展第二曲線／轉行／做行業專家

設定職涯目標，明確實現目標的關鍵結果

在制定職業生涯OKR目標時，必須充分考慮到各個時期的特點，並依據自身的實際情況及所屬行業的狀況設定目標。

　　第一，職業目標必須清楚，具有一定的挑戰性。安德魯‧卡內基（Andrew Carnegie）說：「如果你想要快樂，設定一個目標，這個目標要能指揮你的思想，釋放你的能量，激發你的希望。」具有挑戰性的目標可以激發鬥志，反之則會使人產生懈怠心理。例如在「青黃不接」階段，制定了學會某項技能的目標，例如學習新的程式語言，或許稍微逼自己，半年內就能搞懂，但是你卻給自己一年的時間，就無法產生驅動力。

　　第二，目標要有挑戰性，但不能好高騖遠，讓目標根本無法實現。例如你現在月薪五千元，自己制定了一年內要跳槽到月薪三萬元的目標，但你的真實能力最多只能調薪到八千元，這樣就是超出自己能力範圍的目標，只會讓自己遭受挫敗感。另外，薪資是公司決定的，不是你的可控範圍，這樣不符合現實的OKR一點意義也沒有。

　　第三，實現目標的戰線不可太長，必須適當拆解，制定階段性目標，如此一來更加敏捷靈活，還可以根據實際情況調整。例如，想在新創公司定一個三年內從普通職員

升職到中階主管的目標，可以先設定每年的年度目標：第一年成為專案主管，多做幾個跨團隊專案以鍛鍊管理能力；第二年成為專案經理；第三年爭取晉升為部門經理。

第四，要根據目標設定相應的關鍵結果，關鍵結果必須能夠支撐目標的實現。關鍵結果要與目標相一致，有年度關鍵結果、每季關鍵結果、每月關鍵結果。但這些關鍵結果並非固定不變，可以根據實際情況及時調整與完善。但是目標最好堅持下去。

成為中階主管前的每一年目標都需要分解到每季，第一年想做專案主管，那麼每季的OKR就是考慮如何實現成為專案經理的成果，再將其分解為月度具體計畫。要明確優先順序，先做什麼，再做什麼，落實到每天的行動。有了這樣的大目標指引，你的每一天都是在為未來的自己打工。

第五，關鍵結果要量化，才能更好地根據計畫執行。以某公司小王的職業生涯OKR為例（如表4-2）。

表4-2   小王的職業生涯OKR

O1：三年內成為中階主管	O2：一年內成為專案主管
KR1：第一年100%完成專案，成為專案主管	KR1：主動承接公司創新專案至少3個
KR2：第二年完成跨團隊專案2個，成為專案經理	KR2：所有專案100%按期完成
KR3：第三年績效考核為優，晉升本部門經理	KR3：專案品質100%達到客戶制定的標準
KR4：每年至少參加兩門管理課程學習，提升領導力	KR4：一年內拿下專案管理證書和敏捷開發證書

每一年，我都會為自己訂立工作和學習的OKR，下面是我2019年的工作和學習OKR，如表4-3所示。

表4-3   我的2019年OKR

O1：成為華人地區最具影響力的OKR教練	O2：提升自身專業能力
KR1：《OKR使用手冊》（2019年4月已出版）	KR1：閱讀全球管理／績效／OKR相關圖書（每月至少五本）（完成了七成）
KR2：每月在全國開設OKR課程，每年輔導企業過百（已經完成）	KR2：參加全球頂尖商學院課程（12月）（沒有完成，2020年繼續做）

O1：成為華人地區最具影響力的OKR教練	O2：提升自身專業能力
KR3：推出2~3個OKR影音課程，把OKR傳播給更多企業（完成）	KR3：繼續參加並完成美國ICF（國際教練聯合會）教練個人模組的相關課程（2019年4月完成）
KR4：藉由OKR諮詢業務，在中國塑造OKR標竿企業五家，協助企業績效改革（完成）	KR4：撰寫一本有關OKR的書，在全國推廣OKR，協助大家運用在工作、生活和學習上（完成，就是你現在看到的這本書）

「沒定性」的打工族，
未來在哪裡？

　　小梁畢業才兩年，但這兩年的時間裡他已經換了四次工作。他大學主修的是英語，畢業後在一所私立學校擔任英語老師。後來因為薪水不高而辭職，改到上海某教育機構做諮詢員。因為經常加班，薪水也不穩定，小梁又辭職了，先後做了保險業務和辦公器材的銷售員。

　　兩年的時間裡，小梁走馬看花似地換了四種不同類型

的工作，現在他又打算跳槽，準備去一家看似不錯的網路
公司，然而他心裡又很沒把握。

圖4-2　迷惘的小梁

　　應該有很多人跟小梁一樣，畢業之後就不停地換工
作，這個工作試一下，那個工作試一下，就跟「蜻蜓點
水」一樣。他們認為「三百六十行，行行出狀元」，因此
每每對工作失去興趣或遇到一些困難，就會選擇跳槽，結
果卻是越跳越糟。有研究報告指出，九五後的離職率非常
高，第一份工作平均只做了七個月，他們不知道自己到底
喜歡做什麼、適合做什麼。

　　究其原因，就在於這些人沒有明確的工作目標，對自己的職業生涯沒有做好規劃，只是盲目地工作。這樣的人在職場上很容易成為隱形人，由於沒有優勢，很難被記住，也很難得到更好的發展機會。

　　那麼，OKR能否幫助這些沒有定性的打工族呢？

尋找真正的自己

　　盲目地找工作，就像在路邊隨意坐上一輛車，不告訴司機目的地，卻期望他能帶你到一個讓你滿意的地方，這樣的風險能不大嗎？對於像小梁這樣盲目求職的人來說，重要的不是忙著跳槽，而是要先確定自己的目標，明確發展方向，制訂好職業發展規劃，再按圖索驥去找工作。很多人都不知道該如何規劃自己的職業生涯，因為他們不知道自己能做什麼、該做什麼、會做什麼。歸根究柢，就是不夠瞭解自己。

　　那麼，我們要如何發現自己的優勢呢？

　　不妨借助一些專業的職業評量工具，例如九型人格測試、MBTI職業性格測試、霍蘭德職業興趣測試等，來瞭

解自己的個性和天賦，分析自己適合或擅長的職業。

　　這裡以霍蘭德職業興趣測試為例，說明如何藉由評量工具瞭解自己。

　　霍蘭德職業興趣測試，是由美國職業指導專家約翰・霍蘭德（John Holland）根據他本人大量的諮詢經驗及職業類型理論編製的評量工具。

　　霍蘭德認為，個人職業興趣與工作之間應有一種內在的對應關係。依據興趣的不同，人格可分為研究型、藝術型、社會型、企業型、常規型、現實型六種，每個人的性格都是這六個視角組合而成（如圖4-3）。

圖4-3　霍蘭德職業興趣測試

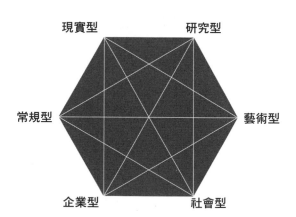

・現實型：廚師、技工、攝影師、製圖員等。
・研究型：科學研究人員、工程師等。
・藝術型：演員、導演、歌唱家、作曲家、作家、詩
　人等。
・企業型：專案經理、銷售員、企業主管、律師等。
・社會型：教師、諮詢人員、公關人員等。
・常規型：秘書、會計、行政助理等。

找到正確方向

　　根據評量結果，找到自己的職業方向。你需要瞭解自己最傾向於哪個類型的工作。例如，之前我的評量顯示，我屬於現實型、研究型、藝術型偏弱，社會型和企業型偏強，而我後來在大企業裡工作二十年後轉做培訓諮詢，職業方向就符合企業型＋社會型。

　　每個人的職業生涯都會經歷這種階段，面臨許多選擇，這是一個連續的過程，要每次都做出正確選擇非常困難，但關鍵是要確認方向是正確的。

　　OKR中的O是指你最想要的東西。請要問問自己最想

要什麼、擅長什麼、喜歡什麼等。透過深入分析，做好職業定位，確定自己的職業目標。確定之後，再透過設定相應的關鍵結果，一步步實現目標。

正確地認識自己，這是職業規劃的第一步。接下來要做的就是鎖定職業方向。我們可以從在學校所學的專業著手，也要對當下行業和職位的發展有所瞭解，綜合考慮後再進行職業規劃和選擇。

可以先參考政府發布的數據報告，瞭解現今的行業分類、各行業的發展狀況，也可以透過人力招聘平台發布的就業資訊報告，瞭解各行業的招聘需求。我們要瞭解每個行業的生命週期 —— 每個行業都會經歷起步期、成長期、成熟期、衰退期等四個階段，我們要盡量選擇在整個業界向上發展的轉折點進入。其次，選擇行業方向還需要結合時代環境。由於社會的發展，科技、娛樂、餐飲、旅遊等領域越來越受到重視，在選擇工作時不妨順應趨勢，優先考慮這些行業。例如，我認識的一位學習電視編導的學員，畢業後去了網路媒體工作，這就是專業與新媒體的結合。

據BOSS直聘研究所發布的資料，2018年薪資「最高」

的十大行業分別是：網際網路、金融、專業服務、房地產、通訊、電子／半導體、工程施工、醫療健康、交通運輸、教育培訓。

TIP

熱門行業與職位

十大熱門行業

- 網際網路、電子商務
- 電腦軟體
- 電腦硬體、網路設備
- **IT 服務**
- 電子、微電子
- 通訊
- 專業諮詢服務
- 房地產
- 機械製造
- 證券、期貨、基金

十大熱門職位

- 銷售：如銷售員、銷售經理、助理
- 普工／技工：如操作工人、焊工、電工
- 電腦／網際網路／通訊：軟體工程師
- 生產管理／研發：產品經理、研發經理
- 人事／行政／後勤：人事經理、行政專員
- 電子／電氣：電子工程師
- 財務／審計／統計：財務主管、審計經理
- 實習生／培訓生／儲備幹部：管培生
- 機械／儀錶儀器：硬體工程師
- 貿易／採購：採購員

資料來源：58 同城招聘研究院《2019 中國卓越雇主報告》

▍確定職業目標，制定OKR

相信很多人都聽過這句話：心有多大，舞台就有多大。夢想的高度，往往決定了人生的高度。我們要敢於為自己立下一個高遠的職業目標。

可以試問自己幾個問題：十年之後，我希望自己是什麼樣的狀態？我的收入要達到多少？要做到什麼職位等級？我所在的公司大概是什麼規模？我的團隊會有多少成員？我的工作性質是什麼？

在考慮這些問題時，要參考自己所在城市／業界狀況，以及所屬職位的平均水準，同時預估家庭開支狀況。

以之前的小梁為例，經過評量，他的職業性格偏向企業型，語言能力是他的優勢。如果他想在十年後成為著名網路企業總監，年收入一百萬元，把時間從十年後往前推，他需要在八年之後拿到八十萬元的年薪，五年後達到五十萬，做到產品經理的位置。這就意味著他需要在五年內成為主管，三年內升至高級專員，兩年內做到初級專員。而他現在要做的就是，進入網路新創公司做海外業

務。要實現這一目標，他可以為自己制定如表4-4的
OKR。

　　剛步入職場的年輕人，最應該做的不是辭職或頻繁地
轉職跳槽。如果所在業界是自己喜歡的，建議在一家公司
至少待三年，這樣才能累積經驗。然後認真思考自己的職
涯發展方向，為自己定一個長遠的、具有挑戰性的目標，
再逐步拆解、細分到當下的短期目標，藉由制定OKR來
落實行動，有目的性地補充相關技能。只要按照自己的職
業規劃路線不斷努力，最終都能實現自己的職業目標。

表4-4　進入網路新創公司工作OKR

O：一年內跳槽至網路新創公司工作	
KR1	每月的海外業務銷售目標額達到120%，做到公司裡最優，業界領先。
KR2	每天利用App練習商用口語30分鐘。
KR3	參加專案管理學習，拿下PMP（專案管理師資格認證）證書
KR4	每季參加業界講座，認識至少10位新創公司人事人員或負責人

突破「溫水煮青蛙」的工作狀態

　　19世紀末，美國康乃爾大學的科學家做了一個實驗——把青蛙放進裝有熱水的杯子裡，青蛙立刻跳出來。但是當科學家把青蛙放進盛有溫水的杯子裡，並慢慢加熱時，剛開始青蛙還能安逸地在杯裡游來游去，隨著水溫漸漸升高至青蛙無法忍受時，牠想跳出杯子也是心有餘而力不足了，最後就死在熱水中。

　　這便是「溫水煮青蛙」的故事。這個故事告訴我們，已經習慣了的生活方式，也許會對我們造成威脅。對安逸的工作環境習以為常時，我們就會放鬆對自己的要求，不思進取、得過且過，最終喪失抵禦風險的能力。

　　法國作家羅曼·羅蘭在《約翰·克利斯朵夫》中寫道：「大部分人在二、三十歲時就死去了，因為過了這個年齡，他們只是自己的影子，此後的餘生則是在模仿自己中度過，日復一日，更機械、更裝腔作勢地重複他們在有生之年的所作所為、所思所想、所愛所恨。」

如何用OKR突破「溫水煮青蛙」的工作狀態呢？

▍走出舒適區

　　28歲的小趙是某知名大學畢業的碩士，畢業後就到一家大型汽車企業做教育訓練主管。這個工作看似體面，卻讓小趙深感苦惱 —— 他每天都在做重複性的工作，毫無挑戰性。小趙每天做的基本都是一些事務性工作，例如發布通知、聯繫老師、安排行程、列印教材等，而且薪水並不高。

　　小趙其實已經進入一種「溫水煮青蛙」的狀態。要走出這種狀態，她需要走出舒適區。

　　美國心理學家諾爾・提區（Noel Tichy）將人類的認知世界分為三區：舒適區、學習區、恐慌區。（見圖4-4）

- 舒適區：知識或任務沒有難度，在我們的能力範圍之內，能讓我們感到舒適。
- 學習區：任務難度略高於我們的能力範圍。

‧ 恐慌區：任務難度遠超於現有能力範圍，不僅得不
　　到成長，還會產生恐慌。

圖4-4　認知世界三區圖

舒適區　　　學習區　　　恐慌區

待在舒適區裡，人會覺得舒服、放鬆、穩定、能夠掌
控、有安全感。但沉溺於舒適區的人，會變得懶散、懈
怠，毫無進取之心，久而久之，就會感到迷茫和無助。

既然在職場走跳，就必須要有憂患意識，時刻為自己
充電，這樣才能保有競爭力，使自己能在公司裡站得住
腳，即便離開公司，也有重新找到新工作的勇氣和把握。
我們需要走出舒適區，進入學習區，確認自己在專業知識

和技能方面要達到的目標，然後分解目標、制定OKR，再以大量的訓練提升自己的技能。

　　中國著名教育家陶行知說：「思想決定行動，行動養成習慣，習慣形成品質，品質決定命運。」走出舒適區，主動尋求改變，才能激發我們學習新事物的動力和野心，才能使我們在面對工作中突如其來的變化時，以積極的心態應對，才能使我們越來越願意接受新的挑戰，不斷突破自我的極限。

打造核心競爭力

　　小麗畢業之後，進入一家房地產公司做房仲。幾年之後，房地產市場飽和、國家政策調整、更年輕面孔競爭的衝擊，很多人選擇轉行。小麗覺得自己必須改變，於是她確立了新目標──轉去銷售別墅。為了能更順利地與客戶交流，她利用空閒時間去參加各種培訓，學習銷售技巧、客戶心理學、客戶管理等。此外，她還注重提升內在修養，看名人傳記，學習理財、茶藝、紅酒鑑賞等。後來她如願當上別墅的銷售顧問，之後更成功跳槽到另一家實力

雄厚的地產企業擔任客戶部門經理。

　　小麗藉由學習培養了核心競爭力，使她的職業生涯步步高升。所謂核心競爭力，是指不易被他人效仿、具有競爭優勢的知識和技能。例如，你的英語不錯，但是別人也不差，那麼英語只能算是你的競爭力之一，不是核心競爭力，除非你到了可以同步口譯的水準。

　　核心競爭力有三大要素：一是人生定位，即你是誰，你想做什麼，你能做什麼；二是資源與能力，包括知識儲備和人脈儲備；三是行動和執行力，也就是將戰略、規劃轉化為效益、成果的行動和能力。

　　我曾在外資企業擔任人力資源負責人二十年，我認為核心競爭力是以下幾點的綜合展現：

- 學歷（所學主修）
- 能力：技術＋軟實力（溝通、創新、領導力等）
- 工作經歷
- 專案經驗
- 證書

關於軟實力，我設計了以下能力模型供職場人士參考，大家可以按照此模型進行自我進修。（見圖4-5）

圖4-5　軟實力模型圖

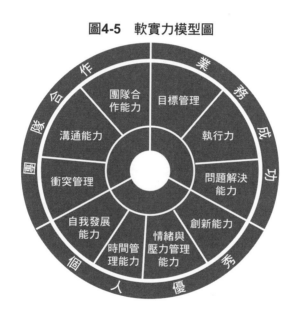

畢業幾年後，學歷和主修不再是核心競爭力的關鍵指標，只是個門檻。例如，某企業招聘時，在雙一流院校和普通大學之間畫線，將相關專業作為某職位的具體考量指標，但當有同類大學和專業的人來競爭時，其他競爭要素就成了你能否從中勝出的關鍵。

　　那麼，如何打造自己的核心競爭力呢？

　　首先，要關注自身成長，找到準確的人生定位，這關係到我們職業的長遠目標。

　　其次，要建立自己的知識體系，提升職場技能。根據人生定位，明確訂出需要的知識，提升自己相對應的技能，獲取相關證書等。例如，銷售員提升銷售能力、老師要提升授課能力、工程師提升開發能力、管理者提升領導力等等。

　　我們分析一下前述案例中的小趙應如何提升自己。

　　學歷（所學主修）：小趙雖然是碩士，但是並非主修人力資源，做教育訓練也是半路出家。但是她已經是碩士了，所以不建議她繼續深造。如果小趙只有大學學歷，我會建議她攻讀人力資源碩士學位。

　　能力：小趙缺乏教育訓練技術能力，軟實力也不夠。建議去學習相關課程提升專業知識，如培訓管理等。其他溝通能力可以在工作中向主管和同事學習。

　　工作經歷：一定要在汽車業界繼續發展，這樣才能累積資歷。即使是競爭每家公司都有的教育訓練職缺，擁有

相關經歷的管理者也比一般的教育訓練人員更具優勢。但是可以去學習汽車業界的新能源、新技術，會更有前景。

專案經驗：一定要積極參與公司的教育訓練專案／人力資源專案，即使只是做行政協助工作，也要把握學習機會，例如在安排課程時自己也認真聽課。因為你參與的每一個專案，都是成長的台階，是下一個職場更加看重你的資本。

證書：你需要清楚這業界有哪些專業證照。做教育訓練一定要有講師資格、培訓管理能力證書，國際認可的證照可以考慮取得。

小趙的職業發展方向就是未來慢慢向培訓管理、人才發展等方向靠近，成為汽車業界比較專業的培訓管理者。

我有一位學員是客服主管，我們一起討論了她的核心競爭力發展OKR，如表4-5所示。

表4-5 客服主管的OKR

O：五年內成為客戶服務總監	
KR1	兩年內取得知名大學MBA學位
KR2	繼續在相關業界工作三年，累積經驗
KR3	在公司內部取得最大客服專案管理能力，管理300人以上的團隊
KR4	爭取至海外部門輪調半年，學習海外經驗
KR5	年底前獲得國際客戶服務標準資格COPC證書

如何開啟事業第二春？

有學員跟我吐苦水。三個月前，公司有內部消息說，要從他和另一名同事中選擇一人晉升為部門經理。他信心滿滿，因為他在公司已經待了五年，終日兢兢業業，從不遲到早退，按時完成任務，而且他比競爭同事還資深。結果卻出乎他的意料，同事變主管，而他卻因為沒能升職陷入迷茫。

很多人和這個學員一樣，工作努力，卻在到達某個位置後難以繼續往上走。這其實是因為他們遇到了「職場天花板」。OKR可以如何幫助我們突破瓶頸，開啟職涯「第二春」呢？

▍重新定位，尋找晉升管道

職場天花板是指在職場上，即便再有能力，達到一定等級後，晉升空間也可能變得越來越小，從而在不同階段遇到發展的困局。

當人遇到職場天花板時，有的是工作能力和業績無法再提升；有的是產生職業倦怠，工作效率和品質都大受影響，各種瓶頸問題使人困擾不堪。

有很多客觀因素會阻礙職場人的發展，以下不同類型企業中存在的問題是我多年來的觀察所得。

* 外資企業：不相信本地人，很多本地人達到一定職位後很難繼續升職加薪，例如某些公司亞太區負責人都是外國人擔任。

- 國營企業：論資排輩，優秀的年輕人沒耐心熬。
- 民營企業：老闆說了算，隨興。
- 新創公司：不確定性大，融資有風險。
- 網路公司：行業變化太大，優秀人才太多，晉升職位太少。

遭遇職場天花板，事業進入停滯期，幾乎是無人可以避免的問題。二十年前，這種問題大多發生在四、五十歲的人身上，但現在，陷入停滯期的人群越來越年輕化。

美國心理學家茱蒂絲・巴德威克（Judith Bardwick）將停滯狀態分為三種類型：結構型、滿足型和生活型。

結構型停滯主要是因為企業結構或階層造成的，表現出來就是晉升的停止；滿足型停滯主要是個人原因所造成，表現出來為專業技術人員滿足於自己的技術能力、業務能力，覺得當前的工作乏味；生活型停滯主要是由個人生活態度所造成，平淡無變化的生活和工作無法激起內心的熱情。

無論是哪一種原因，想要打破職場天花板，都必須從自身著手。停滯期是人生事業的正常階段，並不可怕，真

正可怕的是個人知識和能力的枯竭。很多人在遇上職場天花板後，就態度消極：有的在無奈之下選擇跳槽；有的失去進取心，開始混日子。「學如逆水行舟，不進則退」，工作也是如此，你不努力進取，最終將「長江後浪推前浪」，被新人打倒在沙灘上。

當停滯期到來時，我們應當停下來，認真思考和分析自己當前的狀況，明確當下狀態，對自己重新定位，透過學習充實自己，改變職場狀況。

▌發掘優勢，找到「金色種子」

面對職場天花板時，我們要先自我分析，找到自己的優勢。所謂優勢，要滿足三個條件：曾經獲得成功或是得到別人的認可；學習相關知識非常快速，而且願意學，也相信自己能夠學好；能讓自己獲得滿足感。

如何發掘自己的優勢呢？哈佛大學心理學碩士劉軒為我們提供了一套方法，即要我們問自己幾個問題（如圖4-6）。

圖4-6　「金色種子」在哪裡

　　從上面幾項內容中找出共同點，這些共同點就可能是你的「金色種子」，也就是你的優勢所在。

　　找到自己的優勢，深入發掘，形成自己的核心競爭力，這樣無論是工作內容調整，還是跳槽，自己都有足夠的把握掌握主動權。

　　我們還可以用蓋洛普優勢識別器進行優勢評量。蓋洛普優勢識別器是由蓋洛普公司歷時五十年開發，一款獨一無二的個人優勢評量工具。該公司全球諮詢業務負責人湯姆・雷斯（Tom Rath）在《蓋洛普優勢識別器2.0》（Strengthsfinder 2.0）一書中提出三十四種天賦。蓋洛普

優勢識別器會優先排列出每個人所擁有的五種天賦。

　　作為蓋洛普全球認證的優勢教練，我也試著以評測瞭解了自己的優勢。

　　以下是我的前五項優勢。

- 前瞻：我是個幻想家，能夠看到未來的種種。當世俗大眾陷入煩惱時，我能為他們描述未來的願景，為人們帶來希望。
- 完美：願意發現自己的優勢，並且積極培養、改進，充分發揮。我願意與欣賞我的人相處，喜歡結交能發現與培養自身優勢的人。
- 成就：感到每一天都是從零開始，渴望有所建樹。對成就追求不懈，可能缺乏邏輯，但是永不滿足，這迫使我朝一個又一個新的目標不斷邁進。
- 目標：每年、每月、每週，我都做我愛的事，並且為此制定目標。我的專注力非常強，讓我效率非常好，因此，我難以忍受拖延、迂迴。這使我成為一名可貴的團隊成員，因為我的專注會提醒每個人專心向前。
- 戰略：我能在日常瑣碎的小事中找到前進的捷徑。

　　當別人被雜事干擾時，我能識別其中的規律，並將
　　規律牢記在心，嘗試各種不同的執行方法，直到我
　　選定一條路，那就是我的戰略。有了戰略武裝，我
　　開始出擊。

　　感謝蓋洛普優勢識別器，讓我瞭解自己的五項優勢，
更加堅定了辭職創業的決心，因為我選擇的是能發揮個人
優勢的教育培訓行業中，自己深愛並研究二十年的目標管
理與績效管理領域。

▎三種轉職方向

　　王某大學時主修機械製造及自動化，畢業後進入一家
企業做技術工作，成為工程師。然而工作多年，他不但沒
能升職，薪資也沒啥成長。30歲時，他去讀EMBA，兩年
後成功拿到證書，轉行做了私募基金經理。
　　藉由優勢評量，我們可以根據結果決定如何轉換跑
道。我也總結三個最常見的轉職方法。

◆ 內部轉調

　　在一個公司多個部門或多個職位上歷練，有助於你成為複合型人才，可能未來機會更多。我在愛立信的人力資源同事，很多都是從業務部門轉職過來的。她們既熟悉原有業務，又願意從事人資工作，擁有自己的技術優勢，是非常成功的轉職例子。我的一位學員是福建某大型民營企業的人力資源總監，在公司服務多年，非常熟悉公司業務，最近見面，她已經是分公司總經理了。如果內部有機會，一般我建議先在內部尋找，也要主動和主管、跨部門主管多溝通，發掘公司內部未來的機會，內部轉調的風險相對較小。

◆ 跳槽

　　遭遇職場天花板時，大家一般選擇跳槽。跳槽有不可預測的風險，但是有些原則需要把握：不要輕易換行業；下一份工作一定是累積在前一份工作的經驗上，這樣才有價值；不要只看薪水的增加幅度，更要看行業的前景、公司口碑。

　　記住，你還會繼續跳槽，你的每一次跳槽都是在為下

一次的跳槽累積經驗。

◆ 透過學習轉行

　　想要直接跳槽到完全不同的業界，通常都比較有難度，一般是建議在公司內部轉調。但是如果你想往外尋找機會，就要透過一些途徑，例如提升學歷。我有位朋友是技術專案經理，讀了復旦的EMBA後，被獵人頭公司挖角去另一家世界五百強公司當新業務部門負責人。我們要有「活到老，學到老」的心態，讓自己的專業技能日益精湛；同時我也鼓勵大家跨行學習其他技能，考一些資格證照，提高自身競爭力，為自己增值，以在競爭激烈的職場中掌握主動權，防患於未然。

▌定好跳槽目標

　　跳槽時，必須要有明確的目標，是為了薪水翻倍，還是想要升職；你是想換到一個全新的業界，還是想要換個類型的公司。

　　關於跳槽方向，我有以下建議：

- 大公司的小主管，建議跳去小公司的更高職位，因為小公司需要借鏡你在大公司的工作經驗，而且願意支付高薪。這樣方式的跳槽，你可以直接晉升更高職位。

- 同理，如果你是大公司的部門經理，跳去小公司一定是做總監或負責人的，在職位與薪資上都可以往上成長。若已有過大公司的工作經驗，一家或兩家基本上都差不多。

- 如果你是小公司主管，我建議你跳到大公司，哪怕是基層工作都沒關係。因為履歷若擁有知名企業的工作經驗，有利於再下一步的多方發展。

- 如果你是外企主管，我建議你跳入民企。民企需要你帶來外企的經驗，會給你比較好的職位和薪資，當然，你一定要適應民企的環境。

- 如果你在私企，希望穩定，可以找機會轉向國企。但是如果你在國企得不到發展，我也建議你去民企尋求發展，前提是對自己的能力有信心。

跳槽之前，要先想清楚自己要進入什麼樣的公司，想

做什麼樣的工作，從事什麼樣的職位……再思考自己是否
具備相應的資質和條件。如果沒有，就要利用跳槽前的時
間儲備資本──累積工作經驗，提高專業技能，考取相關
證照等。

　　多數人都認為最好的機會在後面，卻忘了珍惜眼前的
累積。一份工作的好壞，是相對的，並非一成不變，隨著
個人能力的提升，新的機會自然會來。「一跳了之」，治
標不治本，會讓人心浮氣躁。腳踏實地做好眼前工作，累
積核心競爭力，在遇到天花板之前來一個華麗轉身，才是
正道。

TIP

跳槽準備

1. 拿學歷　　　　　　2. 考證照

3. 做專案　　　　　　4. 學習業界知識

5. 和行業獵頭者（head hunter）保持良好關係

6. 豐富自己的個人社交資訊，方便獵頭搜尋

7. 發表文章

8. 參加業界會議，拓展人脈

如何度過「中年危機」？

　　電視劇《小歡喜》中，方圓本來是一家醫藥公司的法務，負責一個部門，每月拿著穩定的薪水，生活倒也安逸。突然有一天公司被併購，他本以為自己會升職，最後卻是被辭退，而且他是唯一被辭退的人。

　　方圓畢業於政法大學，擁有多年的法務工作經驗，卻慘遭裁員。消沉了一段時間後，他開始找工作，卻屢屢受挫、四處碰壁，甚至競爭不過剛畢業的大學生。他想考律師執照、繼續法務工作，然而因為年齡，使他沒有勇氣放下身段重新再來。最後，他選擇了白天去開多元計程車，晚上去給電視劇配音。

　　案例中的方圓其實是遭遇了中年危機。「中年危機」一詞，來自加拿大心理學家艾略特・賈克（Elliott Jaques）在《國際精神分析雜誌》發表的論文，文中說：「在個人發展的過程中，有一些關鍵階段，呈現出轉捩點和快速過渡時期的特徵。其中最不為人知又最關鍵的階段發生在三

十五歲左右，我把它稱為『中年危機』。」自此，中年危機成了大眾熱衷討論的話題，很多人都會談之色變，為此焦慮不已。

　　人到中年，承受著很大的壓力，上有老下有小，還要背負房貸、車貸；現有的知識體系、反應能力、接受新事物的能力都在弱化，還要不斷面對年輕人的競爭，稍不留神就有可能「落伍」。於是，很多人一到三十五歲，就開始陷入焦慮，無論是櫃檯人員，還是企業的白領，抑或是中階幹部，都會深陷「危機」的泥潭。

　　其實，中年危機沒有那麼可怕，它不過是每個人一生中都會經歷的心理低潮期。只要積極應對，定能實現人到中年的翻盤。我們可以用OKR進行自我教練，實現轉型，幫助自己順利度過中年危機。

▍自我教練，找到目標

　　有網球教練在二十分鐘內教會一個從未接觸過網球的女人打網球，他沒有什麼訣竅，而是讓這個女人不在意姿勢，全心把注意力放在網球上──看到網球彈起，用球拍

擊球就對了。果然，二十分鐘後，這個女人學會自在地揮
拍擊打網球。

　　這便是教練技術的由來。我們曾在前面介紹教練的定
義，自我教練就是利用教練技術幫助自己確定目標，找到
可以實現目標的資源，落實到具體的行動上，最終實現。
教練技術有四大武器，分別是聆聽、發問、區分和回應。

　　在進行自我教練時，我們同樣需要發問和回應，運用
開放式的問題，進行自我問答，找到自己的目標。

　　世界潛能大師安東尼‧羅賓（Anthony Robbins）在
《喚醒心中的巨人》一書中說：「此刻該很認真地問問自
己『我要怎樣過未來的歲月？如果我想過所期望的明天，
那麼今天我得怎麼做？什麼是我的長遠目標？我得馬上採
取什麼樣的行動？』」透過自我教練，我們可以弄清自己
真正拘泥於想要的東西是什麼；透過提問和回答，我們可
以更清楚自己的目標以及如何實現它。

　　我推薦使用5W2H來自我教練，如圖4-7所示。

圖4-7　5W2H邏輯圖

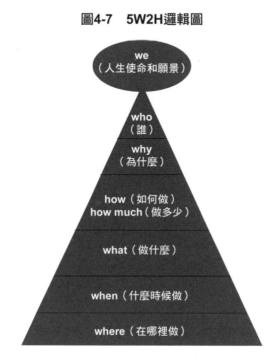

when、where指環境 —— 我們可以問自己打算從何時何地開始。

what是指行為 —— 我們可以問自己，我能做的是什麼，我的行動計畫是什麼，我能做的第一步是什麼。

how指的是能力 —— 我擁有哪些能力，我需要發展和培養哪些能力。how much指的是要做到什麼程度，達

到什麼水準。

why指的是價值觀——為什麼它對我這麼重要。

who指的是身分——我是誰，我想要成為什麼樣的人，我會成為什麼樣的人。

we指的是使命和願景——使命是指對他人、社會、世界有何價值；願景則是指我想要的是什麼，成功之後聽到、看到、感受到什麼，我創造了什麼，實現了什麼。

在進行自我教練時，我們可以問自己以下幾個問題。

- 我真正想要的是什麼？
- 為什麼這個對我來說很重要？
- 我想要成為什麼樣的人？
- 我能給他人帶來什麼？
- 透過什麼來衡量我是否得到我想要的，是否成為我想成為的人呢？
- 未來，我會如何看待我所做的事？
- 要實現我的目標，有哪些阻礙？
- 我有哪些可利用的資源？
- 要實現我的目標，我要做的第一步是什麼？

・誰可以成為我的支持者？

　　透過自我教練，確定自己的長遠目標之後，再將其逐
步分解為小目標，制定OKR。

　　我有一位高中同學，之前他是專門辦理離婚案件的律
師，已經50歲了，來看看他是如何成功轉換跑道（表
4-6）。目前是律師事務所投資銀行業務法律負責人。他從
一個離婚律師成功轉到最熱門的領域，展現了自我價值，
更帶領了一幫徒弟。

表4-6　律師的OKR

O：成為金融行業有競爭力的律師	
KR1	兩年內取得中歐國際工商學院EMBA學位
KR2	每季學習私募基金和投資銀行知識，進入金融法律領域
KR3	兩年內跳槽到最著名的律師事務所做合夥人

發展第二曲線

　　《紐約時報》專欄作家瑪希・艾波赫（Marci Alboher）

曾經是一位律師，後來參加了寫作課。在寫作課上，她意外發現自己在與陌生人溝通時非常開心，而且渴望挖掘出那些人背後的故事。於是，她逐漸成為一名記者，採訪許多擁有多重職業的人。她根據這些採訪，寫下《One Person／Multiple Careers: The Original Guide to the Slash Career》（一個人／多職業：斜槓事業的獨創指南）一書，提出「斜槓」的概念。之後，她開始頻繁接受採訪，並且四處演講，於是，「演講者」成了她的另一道「斜槓」。

關於斜槓青年，瑪希・艾波赫提供了這樣的定義：一群不再滿足於「專一職業」的生活方式，而選擇擁有多重職業和多元身分生活的人。在做好本職工作的同時，我們可以根據自己的愛好或特長，選擇一份斜槓工作。兼職兼薪，既能展現自己的熱情和才能，也能為第二曲線的發展做準備，幫助我們更從容地應對「中年危機」。

大多數事情的發展都會經歷三個階段：投入期、增長期、衰退期。職場也不例外，發展趨勢可以用一條橫躺的S曲線來表示，如圖4-8。

圖4-8　職業生涯的第二曲線模式

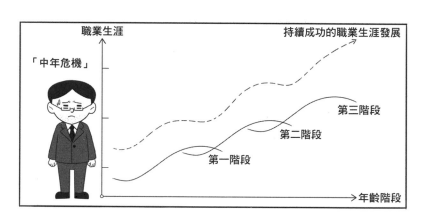

最開始是投入期，包括金錢、教育等方面的投入，這個階段投入大於產出；當產出大於投入時，就進入增長期，可能會在某一時刻達到頂峰；巔峰期之後，不可避免地進入衰退期。

所以，每個人都需要發展自己的斜槓專長，創建職業第二曲線，更慎重地應對中年危機。

第二曲線是由管理思想大師查爾斯·韓第（Charles Handy）提出的概念，他說：「人人都知道第二曲線是很重要的，但是有一個關鍵要點，第二曲線必須在第一曲線到達巔峰之前就開始。」也就是說，在某一職業到達天花

板之前，就要跳出對第一曲線的依賴，著手創建第二職業曲線了。

關於第二職業曲線，從本質上說，就是尋找下一個增長點。我們可以從目前工作的相關領域進行轉變，也可以從完全不同的領域開始發展；可以跨界學習，或是從業務向管理轉變，也可以試著創業。

透過發展斜槓專長，可以為第二曲線的成熟做好準備。《2019職場人年中盤點報告》顯示：擁有斜槓收入的職場人約有8.2%，微商（社群商務）、撰稿、設計等是斜槓職業的主流方向。

原騰訊副總裁吳軍身上有很多「斜槓」標籤，例如技術專家、外企高階管理、網際網路企業高階管理、投資者、專家顧問、投資導師等，同時他還是一位暢銷書作家，在「得到」開專欄授課，成為一名知識付費領域的「網紅」。

表4-7是吳軍2017年的學習計畫OKR和出版圖書OKR。

表4-7　吳軍的學習計畫和出版圖書OKR

O1：完成學習計畫	O2：完成《美國十案》和一本科普圖書的初稿
KR1：上兩門Coursera平台的課：法律與生物	KR1：10月份提交兩本書的初稿給出版社
KR2：認真讀十本書，再快速瀏覽另外十本	KR2：記取先前的經驗，提前和寫推薦序的朋友打招呼

利用優勢，成為專家

傑克・威爾許（Jack Welch）曾是GE（奇異公司）的總裁，被稱為「全球第一執行長」和「企業界一代宗師」。他曾無數次強調「偉大的執行長就是偉大的教練」，成為一名教練是他一直以來的願望。2001年9月退休後，創辦了傑克威爾許管理諮詢公司，為世界五百強企業做教練培訓，成為諮詢領域的教練專家。

什麼是專家？

《如何成為專家》一書中提供這樣的定義：專家對於

常見的工作有自己的模式和套路，形成工作的自然反應；他們對職責內的工作不僅知其然還知其所以然，並且可以在更大的背景下思考自己的工作，知道自己的能力範圍和極限在哪裡；他們不僅能完成自己的工作，還能站在更高的層面上「替」整個行業和領域進行思考和實踐，能夠創新性地提出系統化的方法論，解決新的、更複雜和宏大的問題。

專家有六大特徵：專注於某一領域；在所在領域擁有豐富的知識，並且掌握全面，能夠創造新知識；能夠主動積極思考；對於領域內的問題，能夠利用累積的方法、模型、框架迅速解決；擁有好奇心，能夠承認自己的不足；有自己的立場。

成為專家有兩大核心關鍵：一是要有清晰的目標和方向，二是要能夠持續不懈地努力。我本人也正在成為專家的道路上不斷前行，我希望在企業的戰略管理／績效管理／目標管理領域，提出自己的模型框架和可落實的解決方案。

以下為自己訂下成為業界專家的OKR。（見表4-8）

表4-8　成為專家的OKR

O：花五年時間成為XX業界的資深專家	
KR1	堅持在工作之餘，學習業界新知，每週在自媒體發表一篇學習心得
KR2	在每年的業界大會上，分享經驗至少一次
KR3	獲得業界裡最有價值的證書
KR4	認識至少三位業界大咖，學習他人經驗
KR5	找出業界弱點，進行創新突破，提出解決方案，出版相關書籍

Chapter

5

實現幸福人生
就靠OKR

「忙、茫、盲」是現代人的人生寫照。

二十多歲的菜鳥，每天面對著做不完的工作，尤其是隨著「九九六工作制」逐漸取代「朝九晚五」和週休二日，加班幾乎成了常態，他們沒有自己的生活，甚至沒有時間經營愛情。

三十多歲的薪水階級，每個月除了維持一家人的開銷，還要還房貸。沉重的壓力，終日的忙碌，讓他們下班後只想靜靜地待著。他們沒有心情去享受家庭的溫馨，更忘了該如何表達對家人的在乎。

四十多歲的人步入中年，驀然回首，發現由於長期對家庭的忽視，已經找不到話題和妻兒、家人溝通。自己在事業上兢兢業業幾十年，最後還是一事無成。日子如一盤散沙，有人甚至默默等待被淘汰的命運，不知自己的未來又在何處。

「時間都去哪兒了，還沒好好感受年輕就老了。」一首《時間都去哪兒了》不知唱出了多少人的心聲。如何擺脫「忙、茫、盲」的人生狀態呢？如何平衡好工作和生活，讓一切變得張弛有度呢？如何正確表達愛，讓自己的感情和家庭更加幸福呢？

　　想要逃離「忙、茫、盲」的枷鎖，必須找到做事的正確方法。只有用對方法，工作效率才能提高，事業才能節節高升，家庭才能更加幸福。

　　OKR，就是正確的做事方法，它讓我們做正確的事，並且把事情做正確。使用OKR，將幫助我們找到目標，重拾信心，走向人生巔峰！

圖5-1　「忙、茫、盲」的上班族

現在的你幸福嗎？

　　物理學界泰斗馮端年近百歲，他與九十多歲的妻子陳廉方已經攜手度過六十多年人生。二人的幸福生活讓很多人都羨慕不已。

　　他們是如何經營自己的婚姻呢？

　　六十多年前，兩人新婚蜜月時，曾看過一樹盛開的櫻花，此後的每一年結婚紀念日，只要在南京，夫婦兩人都會結伴出行相約看花。分隔兩地的日子裡，他們就寫信表達思念，馮端在信中為妻子寫過很多詩。馮端鍾愛詩詞，在兩人最初相識的時候，他送給陳廉方兩本詩集。結婚後，他還會在結婚紀念日作詩對愛人表白。

　　陳廉方對馮端也很體貼。年輕時，她不但一肩挑起照顧全家的重擔，還擔任馮端的「秘書」，為他謄稿畫圖，幫助丈夫完成了許多文字方面的工作，偶爾也會和丈夫一起寫詩。

　　馮端與妻子幾十年相濡以沫的愛情故事令人羨慕。在馮端的一生，有「人生四境」，分別是求學時的沉潛、科

研時的凝聚、教學時的月華、家庭中的守恆。美滿幸福的家庭是馮端能夠專注於研究的堅實後盾，也是他能取得非凡成就的重要原因之一。

▍幸福可以測量嗎？

幸福是什麼？它是指一個人得到滿足而產生喜悅，並且希望一直保持下去的心理情緒。幸福是一種非常主觀的內心感受。有人以事業有成、擁有豪車洋房為幸福，有人以「老婆孩子熱炕頭」為幸福，有人認為自由自在就是幸福，也有人覺得實現自我價值就是幸福。每個人對幸福的定義都各不相同。

那麼，幸福可以測量嗎？

現代社會用幸福指數來衡量人們對生活的滿意度。

幸福指數，指的是人們對自身生存和發展狀況的感受與體驗。「城市幸福感」則是指市民對所在城市的認同感、歸屬感、安定感、滿足感，以及外界人群對這個城市的嚮往度、讚譽度。幸福指數的高低與五大變數息息相關──社會活動、社會地位、財富狀況、交際能力和身體

狀況。除此之外，幸福指數還受一些非可控變數影響。影響幸福指數的因素有很多，也因此，衡量幸福成為一件不太好把握的事。

幸福生活的四個視角

英國倫敦經濟學院的理查·萊亞德（Richard Layard）教授在《快樂經濟學》（Happiness：Lessons from a new science）一書中提到，身心健康、交往、家庭關係、工作等日常生活的各個方面都會對幸福產生影響。這就意味著，我們可以從以下幾個視角來衡量幸福（如圖5-2）。

圖5-2　幸福生活的四個視角

　　首先，家庭生活方面，英國諾丁漢大學的史蒂芬·約瑟夫（Stephen Joseph）教授說：「心理學文獻證明，人際關係可使人們產生幸福感。」尤其是當這種關係使人們產生一種歸屬感的時候，更能激起心中的幸福感。例如，一對年輕男女結婚後，兩到三年之內，他們會覺得比婚前幸福，然而時間一長，這種幸福感就會降低。在夫妻有了孩子之後，幸福感會驟然上升，但隨著時間的流逝，這種幸福感也會減弱。

　　朋友交往方面，孔子說，「有朋自遠方來，不亦樂乎」。每個人都需要朋友，與朋友之間的來往可以增強我們的幸福感。然而現在的人們大多住在高樓大廈裡，鄰里間的來往變少，而朋友又各自忙碌，人際交往大大受限。

　　健康方面，包括身體健康和心理健康。萊亞德說：「就幸福而言，心理健康比身體健康更重要。」然而，在繁重的工作壓力和生活壓力之下，很多人的心理健康受到影響。

　　此外，在工作方面的成就感能夠增強我們的幸福感。失業、工作不順心、學非所用、對工作不感興趣等情況，都會使人們的幸福感大打折扣。

　　如何使用OKR為家庭創造幸福呢？我們就依據以上四個視角，從親情、友情、愛情、婚姻、親子關係、健身、旅遊這幾個和生活息息相關的方面來講解。

孝順父母，有OKR就OK

　　陳久霖是北京約瑟投資公司的董事長，出生於湖北的一個小鄉村，後來考上北京的大學。他非常心疼住在鄉下的父母，讀大學時就為了減輕父母的壓力而「勤工儉學」，自己賺學費和生活費。每次放假，都會用自己賺的錢給父母買禮物，帶著禮物坐火車回家。在家裡，更是經常幫父母幹農活、做家務。有時候，他也會買火車票，讓母親來北京看看。

　　大學畢業後，他被外派到新加坡工作，為了報答養育之恩，他把父母接到身邊親自照顧。後來因為父母不適應大城市的生活，他在老家蓋了一座小樓房，讓父母居住。雖然工作很忙，但他堅持假日回家探望父母。

後來母親去世，他怕父親孤單，就幫父親找伴陪伴。每年他都會抽空帶父親去醫院檢查身體。

百善孝為先，孝順是中華民族的傳統美德，也是我們做人的基本準則。如果你想孝順父母，但是又不知道怎麼做或忙到忘了做，OKR會給你提供方法和思路。

孝順，從現在做起

知名主持人撒貝寧曾在節目中分享自己的一段經歷。他在母親去世後的第二年，某天清理個人微信時，看到母親的帳號，便想點進去聽聽母親生前的語音。可是打開之後才發現，他和母親沒有語音往來的記錄。

他想起自己每天和朋友、同事用語音探討工作、生活、開玩笑，心中不由得懊悔不已。他打開與母親的聊天頁面，發了很多條語音，可是母親再也聽不到了。

子欲養而親不待，這是人生一大憾事。所以盡孝需要趁早，現在就開始做起，不要等到父母病重或不在了，才

去後悔。

「你陪我長大，我陪你到老。」陪伴是最長情的告白，然而現在，由於工作越來越繁忙，生活的壓力越來越大，我們很少有時間陪伴父母，很多人也不知道該如何表達對父母的愛。

有些人總是這樣說：「等我有錢了再去孝順父母」或「等我有空再去好好陪伴爸媽」，彷彿孝順需要一個盛大的儀式，得要萬事俱備才可以行動一樣。但是，等我們真正有錢、有閒的時候，父母可能已不在了。其實，父母最期望的，並非子女的金錢，而是情感上的慰藉。

▋ 孝順，從小事做起

曾有一則公益廣告：一個小男孩看到媽媽下班後為奶奶洗腳，在媽媽忙完後，他也端來一盆水為媽媽洗腳，畫面中媽媽和奶奶臉上洋溢的是幸福的笑容。孝順其實很簡單，我們可以從日常小事做起。

幸福需要儀式感，所謂儀式感，法國童話《小王子》裡說，就是使某一天與其他日子不同，使某一時刻與其他

時刻不同。儀式是表達內心情感最直接的方式，對父母盡孝也需要儀式感，這種儀式感能讓父母感受到被關愛和被重視。

　　然而這種儀式並不能只流於形式，而是需要我們認真地用心對待，例如：陪伴父母吃飯。當你週末回到家，父母準備了一桌子晚飯，而你卻在一旁不停地打電話或玩手機，當父母讓你吃飯時，你卻不耐煩地說：「好了好了，別嘮叨了。」這些行為讓所謂的陪伴變得毫無意義，甚至會加重父母內心的孤獨，他們會認為「孩子大了，不需要我了，孩子嫌棄我了」。（見圖5-3）

圖5-3　和父母吃飯的場景

　　我們需要將對父母的愛表達出來。例如，吃飯時，就將一切都放下，仔細品嘗菜餚，給予適當的讚美：「這道菜味道太棒了，比外面飯店做的還好吃。」也可以跟父母分享工作或生活趣事。當然，有孩子的人要帶著孩子一起回家，陪伴老人。兒孫繞膝的天倫之樂，是逐漸老去的父母心中最渴望的幸福。我現在把每天在家庭群組裡早晚問候父母，當作自己孝順父母OKR的一個關鍵結果，我還會每天彙報今天在哪上課，父母看到我在哪裡忙碌，也會放心。

　　那麼，我們如何運用OKR孝順父母，增加父母的幸福感呢？

　　以下是一位學員為了孝順住老家的父母而自定的OKR，和我孝敬父母的OKR差不多，提供給大家參考。（見表5-1）

表5-1　讓父母心情愉悅的OKR

O：讓父母心情愉悅	
關鍵結果	任務分解
KR1：每週與父母視訊兩次	T1：關心父母身體是否健康 T2：詢問是否需要協助購買較重的用品，如米或油 T3：告訴父母自己最近在哪裡出差，讓他們知道自己的情況
KR2：每年為父母準備禮物至少六次	T1：傳統節日、父母生日及換季時送禮物 T2：可以網購快遞 T3：以實用和傳統物品為主，如端午送粽子、中秋送月餅等
KR3：每年安排父母健檢	T1：提前購買老人健檢方案 T2：帶父母去健檢中心 T3：為父母解釋報告
KR4：每年帶父母旅遊兩次	T1：安排好行程，以近郊和舒適的旅行為佳 T2：注意老人身體狀況，準備備品 T3：多拍照片，和親戚朋友分享

　　孝順無須等待，就從當下做起、從小事做起，關心父母的身心健康。趕快為自己制定一個孝順父母的OKR吧。

TIP

孝順父母的十大標準（來自美國某網站）

- 提供情感支援
- 經常打電話
- 呵護父母的健康
- 有耐心
- 為父母安排與其他家庭成員的聚會
- 評估父母對護理的需求程度

- 確保父母財務狀況穩定
- 調整家中的布置
- 為父母整理回憶錄
- 安排父母參與社區活動

維繫友情，用OKR就沒問題

　　俞敏洪大學畢業後，創辦了新東方，專注於英語教育。當時正值英語學習熱潮，在這種背景下，他憑著一股敢想、敢做的勁頭，一舉成功。

　　後來俞敏洪力邀從國外留學回來的北大校友徐小平及同班同學王強加入新東方。

　　三人性格不同：俞敏洪個性溫和、堅韌，做事謹慎；王強冷靜，喜歡思考理論問題；徐小平儒雅，演講時充滿激情。他們性格互補，在業務上分工明確，俞敏洪負責考試培訓和經營管理，王強負責英語培訓和企業文化建設，徐小平負責品牌宣傳和學生諮詢。他們三人並稱新東方的「三駕馬車」。

　　真正的朋友，不是在你面前花言巧語的人，而是能在你困難時主動伸手拉你一把的人。友情需要經營，OKR能幫助建立更有品質的友誼。

▌ 保持存在感

　　曾經有一首歌這樣唱道：「千里難尋是朋友，朋友多了路好走。」朋友是人生中最大的財富。真正的朋友，會在你困難時出手相助，在你苦惱時用心傾聽，幫助你排憂解難。

　　人生離不開友誼，然而要保持友誼卻不容易。馬克思說：「友誼總需要用忠誠去播種，用熱情去灌溉，用原則

去培養，用諒解去護理。」友誼需要經營，即使是再好的朋友，如果不經常溝通交流，感情也會淡化，產生不信任感，當你需要他們幫忙的時候，他們可能會覺得你別有用心。但是，在學校的學生平時忙於學習，進入社會的人忙於工作，有了孩子的人又忙於自己的家庭生活，年老的人行動不便。我們要如何經營友情呢？

美國前總統柯林頓被問及如何保持人際關係時，他這樣回答：「每天睡覺前，我會在一張卡片上列出我當天聯繫過的每一個人，註明重要細節、時間、見面地點等等相關資訊，然後輸進秘書為我建立的資料庫。」這是柯林頓在政治上建立社交關係的做法，對我們與朋友建立友誼、保持友誼具有借鏡意義。

保持聯繫，是建立社交關係的重要條件。維持友情最好的方式就是經常聯絡，保有存在感。用OKR可以將友情的經營由虛轉實，讓我們更明確地知道如何經營友情。

▌大學時期的友情

雷軍在大二的時候，認識了武漢大學的駐校老師王全

國，兩人很快地成為好友，還組了個「黃色玫瑰小組」，一起寫程式等等。大三那年暑假，雷軍、王全國和另一個同學李儒雄創辦了三色公司。

　　現在的很多大學生，除了上課時會和同學在一起，下課後都待在自己的空間各忙各的（見圖5-4）。即便是室友，感情也格外淡薄。至於高中同學，由於各自在不同的學校、不同的城市，彼此間的聯繫也越來越少，很多都成了社群上的「點讚之交」。

圖5-4　各玩各的大學室友

　　我們需要走出自己的狹小空間、擴展朋友圈，學習更
多社交技能，掌握管理人脈的方法。我們可以為自己制定
一個如表5-2的OKR。

表5-2　結交朋友的OKR

O：結交優秀的朋友	
KR1	參加三個有興趣的社團
KR2	每月參加一次校外活動，與五個人保持聯繫
KR3	主辦一次活動，每季認識新朋友

　　交到朋友後又該如何經營友情呢？

　　我們可以透過FB、IG等社群聯繫感情，聊一聊彼此
的現狀，關於學習或生活，探討未來的人生方向；也可以
用建立群組的方式，將感情比較好的朋友聚在同個虛擬空
間裡，探討社會的重要消息或近期的熱門話題，分享彼此
的想法與見解，這樣不但可以保持交流，更瞭解彼此，也
可以在思想的碰撞中提升自己。

　　當然，線上的交流不足以維持長久的感情，還需要藉
由真實的接觸維繫感情。例如，與朋友一起健身、散步、

運動；週末時可以相約聚餐、逛街；每個月召開一次讀書會，交流心得；每年休假找朋友一起旅遊等等。

　　表5-3是我一位學員為自己制定的OKR。

表5-3　增進友情的OKR

O：增進朋友之間的感情	
KR1	每月線上溝通至少四次
KR2	每月參加聚會至少兩次
KR3	每年找朋友一起出遊一次

TIP

大學時期拓展朋友圈

- · 尋找志同道合的朋友
- · 結交同系的優秀學長姐
- · 結交不同科系的優秀朋友
- · 認識有興趣的科目的老師
- · 參加社團，定期參與活動
- · 參加校外活動，認識優秀的校外人士

▋ 進入職場後的友情

　　1999年，杭州湖畔花園社區裡，十八個人聚在一間只有一張破沙發的屋子裡開會。這十八人一起湊了五十萬元，作為成立新公司的資金。有相當長的一段時間，他們每人的月薪只有五百元人民幣，一起合租房子、吃著幾塊錢的便當。這十八個人後來被稱為「十八羅漢」，他們是阿里巴巴的創始人，一起併肩作戰，共同打造阿里帝國。

　　有人說職場無友情，意思是進入社會後很難擁有真正的友情。在這個階段，朋友一見面，不是聚在一起打遊戲，就是唱歌，有的甚至上酒吧狂歡……對於那些不常見面的朋友，隨著工作的忙碌，彼此間的聯繫也越來越少。

　　有研究顯示，朋友圈的偶爾點讚或生日時給予祝福，對於增進友情並沒有太大的幫助，因為這只是機械性地維持。而吃喝玩樂，其實只是在消磨時間，也許能獲得短暫的快樂，卻未必能得到真正有品質的友情。

　　有人曾做過一項調查，結果顯示，與朋友進行意見交流、深度的溝通，都有益於友情的維持。因此，想要維持

長久的友誼，必須有深度的互動。我們可以為自己設計這樣的OKR（如表5-4）。

表5-4 維繫職場友誼的OKR

O：與朋友進行深度互動	
KR1	每週與朋友在網上聯繫，探討某個熱門話題
KR2	每月與朋友參加一次讀書會或講座
KR3	每季與朋友聚會一次，去爬山或攝影

人到中年的友情

有一個「女人幫」，至少每兩週聚會一次，分享彼此的工作、生活、家庭和孩子，也會討論美食、美容、娛樂八卦、財經新聞。她們會一起出去旅遊。每逢有人過生日，也會聚在一起，為對方慶祝。她們在平凡生活中相互溫暖，相互鼓勵。

人到中年，每個人都有自己的家庭，孩子也逐漸長大。被工作、家務壓得透不過氣。我們需要傾吐，以緩解

內心的壓力與煩惱，而傾吐的對象正是朋友。

可以試著制定如表5-5所示的OKR。

表5-5　維持中年友情的OKR

O：維持中年友情
KR1　每年一起旅遊兩次
KR2　每週聚會一次
KR3　建立運動群組，一起運動打卡

老年時的友情

我的父親八十歲了，老年生活過得無比充實。每天早上都會發三則問候的訊息給朋友（退休同事／親戚圈／家人／社區大學同學），用他自己挑的照片，寫上祝福的話。他每天去社區花園打太極拳，還報名參加攝影班，在社區大學學國畫，在老家舉辦自己的外幣蒐集會。雖然人到暮年，但是他生活得有滋有味、老有所樂。

我婆婆也很厲害，自從學會了上網聊天、看影片後，

就放棄看電視劇了，每天和退休老姐妹聊天。看她那麼開心，我們做小輩的也放心了，因為她心情好，身體就好，一切都好。

　　任何感情都是需要經營的，友情也不例外。關係再好的朋友，如果不認真經營感情，最終都會逐漸疏遠，躺在通訊錄裡，彼此間的連接可能只剩下逢年過節時的群組訊息。用OKR保持存在感，維持聯繫並互換資訊，能讓我們更瞭解彼此。

　　如何維持老年人之間的友情呢？請試試表5-6的OKR。

表5-6　維持老年友情的OKR

O：維持老年友情	
KR1	和退休同事定期聚會
KR2	參加社區大學畫畫班、太極拳班等
KR3	每天在群組裡和親戚朋友溝通

追求愛情，用OKR能成功脫魯

電影《阿凡達》中，男主傑克本是一名退伍的傷殘地球兵，後來透過科技手段變成一個阿凡達。來到潘朵拉星球後，傑克擔任間諜的任務是滲入納美人之中，取得他們的信任，竊取情報。

在執行任務時，傑克遭遇危難，險些喪命，幸虧被美麗的納美人公主奈蒂莉所救，傑克也因此順利打入納美人族的內部。由於語言不通，奈蒂莉負責傑克的語言教學。經過三個月的朝夕相處，兩人加深了對彼此間的瞭解，逐漸擦出愛的火花。後來兩人在靈魂樹下真誠表白，將彼此的髮梢連接在一起，實現了結合。

在激烈悲壯的納美人家園保衛戰中，傑克和奈蒂莉的愛情故事令人感歎不已。他們的愛情跨越了種族、跨越了語言，以獨特的方式實現了心靈上的溝通、靈魂上的契合。這是多少人夢寐以求的愛情啊，美好的愛情，需要付出，需要行動，OKR可以幫助你追求愛情。

▎愛情不能「守株待兔」

　　情人節，看著朋友們各種的放閃、秀恩愛，有人曬玫瑰，有人曬禮物，有人曬對象，二十七歲的小麗心裡很不是滋味。想著自己長相也不錯，工作也穩定，怎麼就一直沒對象呢？其實她的要求也不高，就三條：一、學歷相當；二、三觀（人生觀、世界觀、價值觀）一致；三、彼此聊得來。

　　「為什麼我就是找不到男朋友呢？」

　　「妳太宅了。」同事這樣回答。

　　「宅」是很多人單身的原因。每天就是公司、住處，接觸到的人無非就是同事和鄰居。其實，與其問別人為什麼自己找不到對象，倒不如想想如何才能找到對象。愛情不能「守株待兔」，更不能隨遇而安，想要找到對象必須主動出擊。

　　OKR能幫助你找對象嗎？它可以幫助你開始行動。

　　首先，OKR是一種目標管理工具，其目標是由自己開始的目標。找對象必須出於自我的意願，否則七大姑八

大姨再如何張羅，也無濟於事。

　　其次，OKR是一種可以定期調整目標的工具，具有高度的靈活性。要找到合適的對象，必須做好「持久戰」的準備，因為想要找到真正適合的人很難一蹴可幾，過程中可能得經歷無數次的挫折，這就需要我們根據環境的變化，總結經驗教訓，適時調整目標。

　　此外，OKR鼓勵創新。在尋找對象的過程中，我們會發現，找對象沒有所謂固定模式，隨著自我認識加深，可以創造性地選擇適合自己的方式，去發現我愛的人在哪裡。

▎量化理想對象

　　該如何用OKR「脫單」呢？

　　許多人找對象，總是把重點放在「找」上，頻繁地相親、碰面，卻無法找到合適的戀人，很大一部分的原因就是他們忽略了一個重點──要找什麼樣的對象。

　　OKR強調聚焦思維，也就是聚焦在目標上。我們需要用OKR定義並量化理想對象。

　　首先，我們要知道自己想找什麼樣的對象。有人說，我就想找個彼此談得來的人。「彼此談得來」是一個很模糊的說法，應該對其稍加修飾，把它更具體化一點，可以將這句話衍生為「找一個與我有共同經歷、共同愛好而且有幽默感的人」。

　　其次，要將自己找對象的目標公開。可以把家人、親戚、朋友、同事、同學等都納入尋找對象的「助力大軍」，讓他們都知道你期待的對象，這樣當他們遇到合適的人時，便會想到要介紹給你。透過外在助力擴大自己的人脈，遠比一個人單打獨鬥的成功率更高。據說，劉若英就是到處公開自己想找對象，導演滕俊傑幫她介紹一位同樣喜歡攝影的鍾小江，現在兩人恩恩愛愛。我有個非常美麗的前同事，現在在阿里巴巴工作，她優秀的老公就是爸爸的朋友介紹的。

　　例如，為了實現「找一個與我有共同經歷、共同愛好而且有幽默感的人」，我們要設立三個關鍵結果，請參考我學員的OKR（如表5-7）。

表5-7　找到對象的OKR

O：找一個與我有共同經歷、共同愛好而且有幽默感的人	
KR1	透過自己主動尋找或親友介紹，找到三位符合要求的對象（6個月）
KR2	先線上溝通，有一定瞭解後再約碰面，透過吃飯、看電影等活動瞭解
KR3	進一步瞭解對方的三觀及生活習慣，建立彼此舒服的溝通模式，至少維持三個月

　　OKR不一定能幫助我們脫單，但是它能讓我們走出「舒適區」，聚焦目標，不斷朝著一個方向前進（見圖5-5）。即便透過執行OKR還是沒有找到對象，也不必洩氣，我們至少累積了經驗，因為找對象是場持久戰，需要有堅強的韌性和百折不撓的決心，根據實際情況靈活調整目標，也要一些運氣和緣分。祝你透過OKR開始新一輪的脫單計畫，找到心儀的對象！

圖5-5　用OKR脫單

愛要大聲說出來！

小王子在自己的星球上過著平靜又孤獨的生活，每天坐在星球上看夕陽西下是他生活裡唯一的消遣方式。

後來，他的星球上飄來了一顆種子，突然有一天，這顆種子發芽了，慢慢長成一朵漂亮的玫瑰花。小王子非常珍愛這朵花，給她澆水，為她除蟲。可是這朵玫瑰花驕傲、虛榮又多疑。為了讓小王子給她更多的關心，她經常說一些謊話。「我不怕老虎，可是我討厭風！」、「晚上你

要好好照顧我，我要一個玻璃罩子……」

　　一株植物怎麼會怕風呢？玫瑰花的連篇謊話讓小王子傷了心，於是他決定離開星球。玫瑰花此時才覺悟：「我以前怎麼那麼傻呢？請你原諒我吧，我希望你能快樂。」

　　玫瑰花為了獨占小王子的愛，寧可把自己關在玻璃罩子裡，不與外界聯繫，最終小王子因為受不了玫瑰花的矯情和謊言，離開星球。愛情不是占有，玫瑰花不懂得如何經營愛情，不知道如何正確表達愛，因而失去了愛情。

　　想要維持一段長久的感情，就需要學會正確地表達愛。使用OKR工具能讓我們更懂得如何去維繫感情，增加彼此之間的甜蜜和幸福。表5-8是學員的戀愛OKR。

表5-8　提升愛情甜蜜度的OKR

O：提升女友的生活滿意度	
KR1	一年看電影十次以上
KR2	一年外出旅遊兩次以上，製作旅遊照片留念
KR3	一年至少送五次禮物，提供驚喜

　　愛情不是一個人的獨角戲，它需要兩個人共同經營和維護，往共同的目標前進。如果兩人為愛情努力的方向不一致，那麼，所有的努力都只能讓兩人漸行漸遠。

　　愛情不是某一方一廂情願地付出就好，唯有透過日常生活的互動，才能更透澈地瞭解彼此。可以透過看電影、旅遊、一起做家務等方式，培養雙方的默契，增加彼此間的甜蜜感。此外，也可以利用OKR做財務管理，一起為美好生活奮鬥。

經營婚姻，用**OKR**就美滿無比

　　英國前首相邱吉爾，一生波瀾壯闊，在政治領域擁有非凡成就。最廣為人知的就是他在二戰期間帶領全國人民反抗納粹，度過英國歷史上的黑暗時刻。

　　然而邱吉爾的婚姻生活卻是「如花美眷，似水流年」，讓人羨慕。幸福的婚姻和家庭生活為他專注於政治提供了個穩定的後援，這也是他能成功的重要原因之一。

　　邱吉爾性格內向，極少與女人接觸。三十四歲那年，他擔任商務大臣，邂逅了家境貧寒的克萊門蒂娜。他對她一見鍾情，並靠自己的英勇贏得克萊門蒂娜的芳心。相識數月後，邱吉爾就在倫敦西敏寺迎娶了自己鍾愛的女人。

　　婚後兩人很恩愛，邱吉爾尊重、依賴克萊門蒂娜，克萊門蒂娜也是邱吉爾的好幫手。除了把家裡收拾得井井有條、擔負教育子女的重任外，克萊門蒂娜還經常為邱吉爾的競選拉票，在戰時組織援蘇基金會，協助邱吉爾的外交工作，她還經常為邱吉爾出謀劃策、提供建議……克萊門蒂娜對邱吉爾的事業給予極大的幫助。

　　克萊門蒂娜與邱吉爾一生風雨同舟，夫妻繾綣深情令人羨慕。在邱吉爾彌留之際，克萊門蒂娜依然緊握著他的手，直至他離去。

　　邱吉爾和克萊門蒂娜互相信任，彼此支撐，將一段不為他人看好的婚姻經營得有滋有味。美好的婚姻有三大「基石」：一、良好的經濟實力。二、雙方互相包容。三、愛與良好的溝通。OKR可以協助經營婚姻，幫助雙方良好溝通，解決矛盾和衝突，增加甜蜜感，使這段婚姻更加琴瑟和鳴。

▌良好的經濟實力

俗話說：貧賤夫妻百事哀。婚後的生活就是柴米油鹽，大多情況下，婚姻能否走到最後，拚的就是經濟實力。假如每天都得為生計發愁，捉襟見肘的日子裡將是數不清的爭吵與矛盾，這樣的婚姻是很難圓滿的。

但這並非說美好的婚姻必須建立在強大的經濟基礎上，而是說，兩個人要努力奮鬥，有足夠的能力應對風險，承擔家庭的各項開支。

夫妻雙方要共同承擔家庭責任，一起存錢、理財、買房、育兒等。我有一位學員和妻子一起制定了買房OKR（如表5-9）。

表5-9　三年內存錢買房的OKR

O：三年內存錢買公寓房	
KR1	每天記帳，避免不必要開銷，年存款達到XX萬元
KR2	瞭解房價的波動，一年內確認八次
KR3	一年內投資一個副業，額外收入達到XX萬元

互相體諒，互相包容

世上沒有不吵架的夫妻，關鍵不在於夫妻是否會爭吵，而是兩人對彼此的態度。很多人步入婚姻後，彼此的感情便逐漸在忙碌的工作和瑣碎的生活中消磨殆盡。隨著新鮮感和神秘感消褪，面對生活中的摩擦，有的人聽之任之，於是演變成「三年之痛」、「七年之癢」。

美好的婚姻，需要相互包容、相互體諒，這可以讓許多小問題迎刃而解。例如，夫妻倆為飯後洗碗問題爭吵。妻子認為，她每天帶孩子、做家務，已經夠累了，碗應該丈夫洗；丈夫卻因為早上趕著上班，來不及洗碗，下班回家又累得跟狗一樣，還有一水槽的鍋碗瓢盆要洗。兩人為這問題多次爭執，甚至吵到妻子覺得丈夫不愛自己。

這事講起來，要麼妻子洗碗，要麼丈夫洗碗。但若跳出來看事件本身，就是妻子很辛苦，想得到丈夫的理解和體諒。丈夫可以買台洗碗機，讓彼此都能從洗碗地獄中解脫，甚至丈夫還可以想想其他辦法減輕妻子的負擔，例如一起分擔洗碗任務。

▊ 互相關愛，溫情永在

上述小夫妻之間的問題，其實不是洗碗之類的家務，看深一點其實是丈夫對妻子缺乏關愛的問題。

很多男人認為，在婚姻裡只要努力賺錢，給妻子富足的物質生活就行了。其實，女性是感性動物，更追求情感上的滿足，喜歡浪漫溫馨，這一點並不會隨著兩人從戀愛走向婚姻而結束。

男人要懂得滿足女人的情感需求，適時給予女人愛的表達，這樣才能讓自己的另一半感覺到幸福。但男人大多都比較粗心，不懂得如何表達愛。OKR教你如何在婚姻裡讓另一半更幸福。

來看看我的男學員是如何設定OKR維持婚姻幸福（見表5-10）。

表5-10　提升妻子幸福感的OKR

O：提升妻子的幸福感	
KR1	每週做家務至少五次
KR2	每天在家陪妻子、孩子至少兩小時

O：提升妻子的幸福感	
KR3	每年陪妻子去外地旅行兩次以上
KR4	每個月準備好一個禮物

　　幸福就是點點滴滴的累積，做家務、陪孩子、旅遊等，其實都是丈夫對妻子關愛的表達。妻子也可以適時地對丈夫的表現給予回饋，一句肯定與讚美的話、一個甜蜜的吻或一個小禮物，這些都能夠激勵丈夫，讓他充滿熱情，如此就會形成一個良性循環。（見圖5-6）

圖5-6　幸福夫妻愛的表達

健康生活，用**OKR**幫你養成

知名氣象學家竺可楨從小身體就不好，經常生病，身高體重遠遠落後於同齡人。在上海澄衷中學讀書的時候，他經常因為生病而請假，曾被同學嘲弄：「竺可楨活不到二十歲。」

竺可楨聽後非常氣惱，可是想想自己確實又瘦又小，於是決定鍛鍊身體，連夜為自己制訂一個計畫：每天跑步、做操……還在宿舍牆上貼了一條「言必行，行必果」的話來激勵自己。從此以後，他每天天未亮就起床運動，風雨無阻。堅持了一段時間，不但生病次數少了，身體也變得強壯，同學們被竺可楨的毅力和改變打動，包括曾經笑他的同學，都稱他是「智體並重」的模範。竺可楨還因此愛上更多運動，諸如登山、游泳、打網球和滑冰等。進入職場工作後，他鍛鍊身體的習慣也不曾間斷，每天都走路上班。曾被笑「活不到二十歲」的竺可楨，最終活到八十三歲。

　　世上有很多事，做起來不難，難的是一直做下去。竺可楨靠著毅力將鍛鍊身體的計畫持之以恆地履行。他的舉動正好體現了OKR的精神。所以，讓OKR幫助你把健身堅持到底吧！

▌ 減肥和健身進行到底

　　現在有很多年輕人，整天嚷著要減肥、要健身，但都只是三分鐘熱度。有的人在美食面前妥協，有的人因為疲憊而放棄，還有的人因為思想上的懈怠而中止。

　　其實無論減肥還是健身，都要承受身體和心理上的雙重考驗。而堅持下去的關鍵就在於內心的意願，需要自己從內心自發地行動和堅持。OKR是自驅的目標，能幫助你將減肥和健身進行到底。

　　第一，設定一個具挑戰性卻又不讓人失望的目標。關於減肥或健身，如果只是定個「我要減肥成功」、「我要練出腹肌」這樣模糊的目標，經過一段時間的鍛鍊沒有達到想要的效果，就很容易放棄。但如果將目標量化，設定成在一段時間內如何努力可以達到什麼樣的效果，例如，

一個月內減重二‧五公斤，這樣就能給人繼續堅持的動力和信心。

第二，公開自己的OKR。日本作家佐佐木正悟在《告別三分鐘熱度》裡有一段話：「無論做什麼事情，比起孤軍奮戰，一旁有『聽眾』為自己助威、吶喊的場景更能鼓舞人心。」很多人喜歡默默堅持，但這需要很強的自制力。將自己的OKR告訴身邊的人，透過在社區每日打卡的方式，能夠得到更多的肯定和鼓勵，當想放棄的時候，會想著「有這麼多眼睛看著我，不能半途而廢。」這會給我們繼續堅持的動力。

第三，OKR是可量化的，關鍵結果的完成要能夠支撐目標的實現。

OKR是一種動態的自我管理思維，可以根據外界環境的變化隨時調整，具有很強的靈活性。當在減肥的過程中暫時無法達到目標時，不要氣餒，就去分析原因，重新調整目標，尋找新的關鍵結果，是增加運動量還是進行飲食控制，然後繼續進行新一輪的努力。我的一位女學員就是透過OKR成功減肥五公斤。

減肥和健身都需要堅強的韌性，也是對我們自我管理

能力的考驗，是自律性的最佳測試器。但也不必給自己太大的壓力，因為沒有人會拿OKR來考核我們。OKR最大的作用，是幫助我們走出舒適區，提醒我們當下最重要的目標，激勵我們朝著這個方向不斷努力。表5-11是我學員的健身OKR。

表5-11　8月的健身OKR

O：減重四公斤以上，但身形不鬆垮	
KR1	三餐依表規定做蔬菜、肉類、主食的搭配，晚上七點以後不進食
KR2	每週有氧運動不少於四次，每次不少於五十分鐘，心跳必須超過一百四十；每週抽出一天做兩次五十分鐘的強化訓練
KR3	每週重量訓練不少於三次，每次五十分鐘
KR4	調整作息，避免熬夜，十一點半前睡覺

OKR讓你成為有趣的人

　　健康，包括身體和心理。運動和健身能讓我們的身體更加健康，要達到心理上的健康，可以去旅遊、交朋友、發展興趣愛好，讓自己的生活更加有趣。旅遊已經成為現

代社會一大趨勢,越來越多的人選擇在假日時出遊,有的是為了讓自己從繁忙的工作中解放出來,放鬆身心,有的是為了陪伴家人,有的是為了體驗不一樣的生活……但不管是為了何種目的,都要有時間、有錢。

如何在忙碌的工作中擠出時間、存錢旅遊呢?看看這位九〇後學員制定的OKR(如表5-12)。

表5-12 旅遊的OKR

O:2019年內完成上海迪士尼之旅	
KR1	每月存一千人民幣作旅遊資金
KR2	確定十二月的出發時間
KR3	在十一月預訂機票及飯店
KR4	出發前定出具體行程

該怎麼存錢呢?這就需要對薪水有合理的規劃,每個月從薪水裡拿出一部分錢存起來,假如每個月存一千元,一年存下來的費用足夠我們享受假期生活。

如何有時間?一年的假期,除了年假、週末、國定假日,幾乎沒有多餘的時間可以讓我們好好享受旅行的樂

趣。所以需要我們提前做規劃，安排好工作，也可以透過
平時的加班調休來累積假期。

　　當我們擁有存出來的錢和累積下來的時間，就可以好
好享受旅遊時光。

　　讓自己的生活更有趣，不要僅僅滿足於旅遊休假，還
可以嘗試一些新事物。例如去學東西，培養新技能和新嗜
好；還可以下載App，學習新食譜。

　　我有一位女學員，她訂下旅遊之外的更大目標（如表
5-13）。

表5-13　讓生活更有趣的OKR

O：做個擁有風趣靈魂的女子，豐富自己的閱歷	
KR1	在今年學會自由式
KR2	學鋼琴，每週練習超過三小時
KR3	每月讀五本書，還要寫讀書心得
KR4	每年嘗試一種新的極限運動
KR5	每年結交一位不同業界或不同性格的朋友

工作和生活，就靠OKR平衡

　　張穎是經緯中國創始管理合夥人，他曾說過這麼一段話：「努力工作，拚命生活，一直是我深信的價值觀。工作方面，對投資這個行業來說，就是兇悍廝殺，搶到最優秀的創始人；而生活也是我認為很重要，與工作同樣重要，甚至更為重要的事。我對這個世界有強烈的好奇心。動態方面就是騎摩托車越野看世界，或揹上背包徒步；靜態方面就是拚命看書、看紀錄片。對每個人來說，沒有健康的身體，談何職場上的輝煌，根本談不了。」張穎酷愛騎摩托車，他經常騎著摩托車穿越非洲、尼泊爾、阿根廷，乃至澳大利亞的沙漠等。

　　張穎在繁忙的工作之外，致力於工作和生活的平衡。
　　知名畫家、詩人與作家蔣勳說：「最美好的生命，不是一個速度不斷加快的生命，而是速度在加快跟緩慢之間有平衡感的生命。」工作和生活並沒有不可調和的矛盾。我們可以利用OKR幫我們找到工作和生活之間的平衡感。

▎管理人體四種能量

比爾‧蓋茲說：「人生有兩項主要目標：第一，擁有你所嚮往的；第二，享受它們。只有聰明的人才能做到第二點。努力工作，同時享受生活，我們每個人都應該這樣。」

在「九九六」和「七二四」工作制盛行的年代，在網際網路、投資銀行等業界工作，要想把工作和生活完全分開是很難的。因此，所謂的平衡很難在時間上實現。我們需要學習的是如何管理好我們的精力，使我們能夠時時保持高效率狀態，從而達到心理上的平衡。

人體有四種能量：物理能量、精神能量、情感能量和激勵能量。（見圖5-7）

圖5-7　四種能量的平衡

　　物理能量是一種身體的感覺，累了、餓了或病了，都是物理能量被消耗的表現。因此，我們需要有良好的作息規律，按時吃飯，還要持續健身和運動。

　　精神能量是從分析和思考中獲得的能量。當我們長時間專注於一件事情後，會在精神上感到疲勞，難以進入工作狀態。因此，當我們疲憊時，一定要給自己一個休息調整的時間。

　　情感能量來自與他人的關係，包括正向情感能量和負向情感能量。當我們幫助別人、獲得感激時，當我們打電話而獲得家人的關心時，便能保持情感能量。我們可以透過別人的讚美與鼓勵等使自己保持正面情緒。反過來，當遭遇挫折時，就會感受到沮喪、恐懼等負面情感，這些負面情感會消耗我們的能量，影響在工作和生活中的表現。不妨和朋友一起逛街、聊天，排解負面情緒。

　　激勵能量來自我們所做、對自己有意義的事。懂得做事的意義，那些在過程中出現的擾人因素就不再令人煎熬了，即便疲憊不堪，也能堅持下去。

　　所以我們需要在四種能量上為自己加碼。看看我的男學員如何平衡生活和工作（如表5-14）。

表5-14　成為有趣的人OKR

O：成為一個有趣的人	
KR1	學習拍影片，記錄生活
KR2	在b-box上有所突破，達到表演等級
KR3	作為一個優秀的大廚，每月學習兩道大菜
KR4	減重12.5五公斤，保持體重

遵循「三的法則」，過高品質生活

我在輔導一家知名的網路公司時，曾讓九〇後員工寫下自己的生活OKR。他們說：「我們沒有生活。」因為在網路公司上班，加班已是常事，等到下班已是深夜。

不僅僅是網路公司，很多行業都是如此。智聯招聘發布的《2019年白領生活狀況調研報告》顯示，加班已是常態，超過八成白領都有加班經驗，其中超過20%的白領每週加班超過十小時。工作上的疲憊讓他們沒有精力和心情去享受下班後的生活。

如何才能平衡好工作和生活呢？這就需要我們遵循「三的法則」。

「三的法則」來自傑拉爾德・溫伯格（Gerald Weinberg）《顧問成功的祕密：有效建議、促成改變的工作智慧》（The Secrets of Consulting: A Guide to Giving & Getting Advice Successfully）一書：要是你想不出計畫中可能出現的三處問題，肯定是你的思維哪裡出了問題。「三」這個數字，會讓人覺得事情簡單，易於理解，條理清晰，便於行動。因為對於大多數人來說，我們大多只記得住清單上的三件事。

因此，在訂定OKR時，無論是在工作上還是在生活上，都要嘗試應用「三的法則」，理出最多三個關鍵點，否則就不能突出重點。例如OKR的3×3結構，就是三個目標，每個目標各有三個關鍵結果作支撐。只要條理清晰地表達，就會有不同的收穫，如表5-15所示。

表5-15　提升個人滿足感的OKR

O：提升個人滿足感	
KR1	每季順利完成並交付三個專案
KR2	每月讀三本書，以領導力和專案管理為主
KR3	每三天鍛鍊身體一次，保持健康

工作不是人生的全部，生活也可以變得更有品質。有屬於自己的生活，有可隨意支配的時間，才能養精蓄銳，在工作中保有充沛的精力。

用OKR成為更好的自己，讓我們更自律，擁有更平衡的生活。

6

栽培優秀孩子
就靠OKR

相信不少父母都會有這樣的體驗，孩子寫作業總是拖拉磨蹭，要麼看錯題，要麼寫錯字。孩子很聰明，學習成績卻不好；孩子很勤奮，成績卻無法提高，甚至還有下滑的趨勢。（見圖6-1）

圖6-1　貪玩的孩子和發愁的母親

為了讓孩子更優秀，父母在外面替孩子報名各種補習班、才藝班，結果卻不甚理想。很多家長將原因歸於孩子貪玩、粗心，甚至認為孩子就是不愛學習。其實，並不是孩子學習不努力，而是孩子的學習力不足。學習力包括自控力、思維力、閱讀力、專注力、作業力等。

想讓你的孩子學習進步嗎？想讓孩子更熟練地掌握一門技能嗎？想讓你的孩子有毅力，養成良好的學習習慣嗎？想讓孩子擁有更美好的未來嗎？

讓OKR來幫助我們解決這些難題，讓孩子更加優秀。

幫助孩子規劃未來

「阿里之父」馬雲小時候是個讓父母頭疼的孩子。

他是學校的「打架大王」，經常蹺課，對學習完全不上心。很多人覺得馬雲一無是處，是個沒有前途的孩子。馬雲母親為此苦惱不堪，但父親卻始終對兒子抱有信心，他一直努力挖掘孩子身上的優點，發掘他的興趣和潛能。

六年級時，父親發現馬雲對英語很感興趣，於是經常帶著馬雲到西湖附近找外國人聊天，這使馬雲對英語的興趣大增，成績也進步得很快。

然而馬雲的數學成績非常不理想，因此他第一次高考（即大學聯考）時榜上無名。

高考落榜後，馬雲和表弟一起應徵當保全，結果又沒上，馬雲意志消沉。為了激發兒子的鬥志，父親替他找了份在雜誌社送書的工作。馬雲倒也肯吃苦，每天踩著三輪車來回二十公里。父親鼓勵兒子說：「每天這麼辛苦你都不嫌累，為何不重走一遍高考路呢？」

在父親的鼓勵下，馬雲重回校園，又參加兩次高考，終於考上大學。由於主修英語正是他的專長，馬雲自信心大增，在學校裡非常活躍。畢業後成為大學英語教師，後來擔任翻譯工作訪問美國而接觸到網際網路，再後面的故事就廣為人知了。

馬雲父親發現了兒子的興趣，並且努力培養，逐漸使英語成為馬雲的專長，影響了他的一生。馬雲的成就與父親對他的規劃密不可分。作為父母，我們要幫助孩子規劃未來，而OKR正是個可以用來規劃未來的工具。

從出生開始規劃藍圖

有一部非常知名的紀錄片《人生七年》，裡面的調查

顯示，窮人的孩子和富人的孩子最大的區別，就在於做事是否有規劃和目標。富人的孩子很小時就有自己的目標，以後要進哪一所中學、考哪一所大學，因此他們努力讀書，進入理想的大學，考取證書，結交友人。而窮人的孩子沒有目標和方向，只是順從命運的安排，結果一生碌碌無為。

姑且不論出身的影響，但透過這一調查，我們可以看出，對孩子未來有關鍵影響的，正是他們自己是否有清楚的目標和規劃。

網上有這樣一句話：「沒有規劃的人生叫拼圖，有規劃的人生叫藍圖；沒有目標的人生叫流浪，有目標的人生叫航行。」做任何一件事都不能漫無目的，那些有成就的人，絕大多數都有自己的遠大目標。孩子的未來需要規劃，在孩子很小的時候，我們就要幫助孩子設計未來的藍圖。美國國家職業資訊協調委員會在1989年發布了《國家職業發展指導方針》，要求孩子六歲就要開始接受職業生涯教育。他們把人生規劃分成四個階段：小學、初中、高中、成人，並提出下列幾點，作為孩子和家長進行人生規劃的參考。

①自我認識。孩子要知道自己的興趣、專長和能力等。

②對孩子進行「教育與職業關係的探索」，讓他們知道教育和職業的關係，瞭解工作與學習、社會的關係。

③讓孩子知道這個社會有各種各樣的職業：教師、警察、工程師、畫家、醫生、工人等。

④家長要告訴孩子，職業無貴賤，適合自己才最重要。

⑤增加孩子對各種職業的認識：帶孩子到商場、企業、學校、警察局等，讓他們瞭解各種職業。

⑥讓孩子儘早接觸社會，接觸各種職業，以更好地讓孩子瞭解自己，發展自己。

　　家長要在孩子心中埋下職業規劃的種子，幫助孩子確立人生目標，再在成長的各階段透過OKR來栽培教育。

　　如何幫助孩子確立人生目標呢？

　　首先，家長要瞭解各種專業的具體情況，例如上網查資訊、閱讀書籍或是向專業人士請教；其次，帶孩子到專業機構進行職業傾向評量。這些都可以作為幫助孩子規劃人生的依據。

幫助孩子發展終身興趣

知名桌球選手劉國梁的女兒劉宇婕三歲時開始接觸高爾夫球，並表現出濃厚的興趣，於是在父母的指導下，她開始練習高爾夫球。

遺傳了父親良好的運動基因，劉宇婕非常有天賦。她以父親為榜樣，從小就立下冠軍夢，希望有朝一日能夠超越父親。劉宇婕九歲時就已經拿到三個冠軍了。

劉宇婕獲得成就並非如外人看到的那麼容易，而是與她自己的辛苦付出高度相關。

她四歲就進入北京什剎海體育學校學打球，每週要上一至二堂高爾夫專門課。上小學後，為了不影響訓練，每天持續在放學後到球場訓練三小時。此外，每到週末，她仍堅持早起以保有更多的訓練時間。

劉國梁非常重視對女兒的培養，他將陽台改造成小型高爾夫球場，這樣劉宇婕一有空就可以練習。劉國梁每週都要與女兒一起打球，這已經成為父女倆多年來的習慣。

　　劉國梁透過對女兒的訓練,把她的愛好變成她的專長和技能。我們可以用OKR幫助孩子發展潛能,培養興趣和喜好,也可以幫助孩子養成習慣,學習某一項技能。

▍每個人都可成為自己的IP

　　現在是新媒體時代,每個人都可以成為IP(智慧財產權)。

　　如果孩子喜歡畫畫,那麼從兒童時期就開始培養,學畫畫、素描,進入美術大學,最後成為職業設計人士。

　　如果孩子有舞蹈天分,家長可以依據孩子的興趣選擇舞蹈類別,為孩子制定OKR,規劃每個階段的學習目標,讓有藝術細胞的孩子透過參加競賽發揮天賦。

　　如果孩子的動手能力很強,可以引導他學習程式設計,從玩樂高開始,充分發揮想像力。有的孩子從四歲就開始接觸程式設計,程式設計是二十一世紀的重要技能,國內外網際網路公司都需要技術人才,美國宣導「全民學程式設計,從幼兒開始」。如果你的孩子數學成績好、邏輯能力強或是愛玩遊戲,就可以引導他學習程式設計。

如果孩子活潑好動，熱愛運動，可以引導他學游泳、高爾夫球、馬術或各種球類。老虎‧伍茲（Tiger Woods）很小的時候就開始接觸高爾夫球，他父親發現他的運動天賦後開始培養，後來老虎‧伍茲成為著名的世界冠軍。

所以，你想培養孩子成為世界冠軍嗎？制定一個長期的OKR吧。為孩子的成長鋪設發展之路，用OKR幫助孩子規劃未來。我們要讓孩子知道，掌握OKR跟長高一樣重要。電影《蝙蝠俠》裡說：「當事情『按計畫』進行時，沒有人會驚慌，即使這個目標是可怕的，是遙遠的。」

注意揚長避短

「父母之愛子，則為之計深遠。」父母都希望孩子擁有光明的前途，建議從小就要培養孩子的技能。

培養孩子的技能，興趣與喜好絕對是關鍵。前面提到的劉宇婕之所以那麼小就願意持之以恆地練球，就是因為她對高爾夫球的熱愛，而她的妹妹劉宇彤卻因為更喜歡桌球而沒往高爾夫球界發展。我們在培養孩子學習技能時，要注意揚長避短。

有個非常知名的木桶理論，說的是一個木桶能盛多少水，取決於最短的那片木板，所以我們必須彌補自己的不足，盡可能做到全面發展。很多人認為培養孩子也必須補足他的短板。「短板效應」理論曾被應用在各領域，但現在這種理論已經被否定了。

試想，若一個孩子完全沒有藝術細胞，父母卻非逼著他去畫畫，那孩子能堅持下去嗎？即便他迫於父母的威脅而學，這樣不喜歡畫畫的人真的能用心學習嗎？

很多人想把孩子培養成全才，給孩子報各種補習班，畫畫、跳舞、象棋、跆拳道等，有的家長甚至給孩子報十多個才藝班，結果造成孩子壓力過大，產生厭學心理。

「科學判官」魏坤琳在《最強大腦》中見證了許多少年天才的誕生與成長，他說：「在這些天才少年身上，除了天賦，更重要的是充分保持了個性化優勢的發揮。」

作為家長，我們要看到孩子的亮點，發揮其長處。讓孩子在長板中獲得自信，這樣孩子的長板會更長，而短板則未必會更短，只要進行適當管理。

▌發現潛力，構築潛能

　　每個孩子都是一座金礦，藏有很大的潛能，等待我們去發掘。科學告訴我們，人的左腦和右腦各有分工，如圖6-2所示。

圖6-2　左右腦分工圖

　　左腦是理性腦，主要負責文字、語言、數字、分析等邏輯思維；而右腦，被稱為感性腦，負責音樂、圖形、色彩、畫面等感性的體驗，具有旺盛的好奇心，縱觀全域。多數的人都是左腦人，注重細節層面，以左腦為中心的生活方式是重複的、一成不變的；人類的夢、靈感、潛意識

等與創造力相關的心理活動，主要是由右腦激發的。

　　愛因斯坦說：「我思考問題時，不是用語言進行思考，而是用活動跳躍的形象進行思考，當這樣的思考完成以後，我要花很大氣力把它們轉換成語言。」愛因斯坦就是全腦型天才，不但擅長邏輯分析，還是個出色的小提琴家，也能熟練地彈奏鋼琴。

　　愛因斯坦的話生動描繪出人的左腦和右腦是如何分工合作，右腦產生新思想，左腦則負責用語言的形式將其呈現出來。美國蓋洛普民調結果顯示：「每個人都是天才，只有20%的人被放對了位置。」被放對位置是指潛力被發現，並得到很好的培養。

　　世上沒有完全相同的兩片樹葉，也不會有完全相同的兩個孩子。由於孩子的遺傳基因不同，各自的潛能也不同。作為父母，我們要觀察孩子的興趣喜好，發現孩子的亮點，確認他的潛力，然後透過OKR的刻意訓練，將孩子的興趣喜好培養成優勢。有的孩子比較有藝術天賦，例如，喜歡畫畫、音樂等，那就說明他的右腦比較發達；有的孩子比較有語言天賦，表達能力很強，那就說明孩子的左腦比較發達。

居禮夫人非常重視孩子的智力教育。在兩個女兒還很小時，她每天忙完工作，就帶著孩子出去接觸人群，到動物園觀察動物，去大自然欣賞美景。孩子在玩的時候，她就在一邊觀察，以發現她們的興趣和特長。等兩個女兒稍微大一些，有了一定的學習能力和理解能力時，居禮夫人開始教她們認字、彈琴、烹飪、手作，以便進一步發掘她們的興趣所在。等孩子上學後，居禮夫人會在她們放學後抽一小時的時間陪著做智力遊戲。

在居禮夫人的用心栽培下，兩個女兒逐漸顯現出自己的興趣和天賦。於是居禮夫人開始對她們不同方向的培養，後來兩個女兒分別在科學領域和藝術領域成就了一番事業。

透過對孩子的觀察，找出孩子的興趣，然後制定OKR鼓勵孩子學習並掌握相關技能。

在制定OKR時，首先要確定什麼是「掌握」，即要達到什麼樣的目標，實現什麼樣的成果，可以利用這個技能做什麼。只有明確目標和動力，才能讓孩子專注地學好某一技能。

　　以游泳為例，我們需要幫助孩子定義自己的目標，即達到什麼程度才算是學會游泳。在制定目標和關鍵結果時，記住一定要進行量化，如表6-1所示。

表6-1　暑假內學會游泳的OKR

O：參加暑期游泳班，學會游泳	
KR1	在淺水區練習，一週內學習漂浮，建立漂浮感和平衡感
KR2	半個月內學會蛙式，掌握手臂划水和雙腿踢、夾水技能
KR3	一個月內掌握換氣技巧，控制換氣節奏
KR4	兩個月內進入深水區，掌握踩水和仰漂兩項技能

讓孩子好讀書、讀好書，書讀好！

　　2019年10月，一個「清華學霸作息表」的話題在新浪微博中衝上熱搜，引起廣泛的關注。有網友公開了一份清

華學霸的學習計畫表，後經證實，這是清華大學校史館舉行的「優良學風檔案史料展」中的一份展示品。

　　這份學習計畫表的內容非常豐富，密密麻麻地寫滿了各種計畫與安排，包括每日課程、課餘活動，以及每天的學習狀態和總結。除了學習計畫表，這位學霸還為自己定下實驗計畫表，將自己每天的任務、目標、完成情況及想法，清清楚楚地記下。看了這份計畫，大家紛紛感歎：難怪她能考上清華。

　　可以看出，這位學霸對學習有著清晰的目標和規劃，這也是她能夠考上清華大學，成為學霸的重要原因。

　　OKR，是讓孩子的學習成績進步的好方法。

▍制定學習OKR

　　有的人認為，學習只要跟著老師的節奏，每天認真聽講、按時完成作業就行了，其實這種想法是不對的。老師的教學進度是針對所有學生，跟隨老師的教學計畫，無目的、被動地學習，並不能達到最佳學習效果。

　　我們要根據自己的實際情況，制定屬於自己的學習OKR。俗話說：「知彼知己，百戰不殆」。「知己」就是明確學習目標，了解自己的學習情況，準確估計自己的學習能力。

　　在制定學習OKR時，要注意以下幾點：確定學習目標，找出學習重點；安排自己的學習任務，掌控學習進度；關注學習效果，及時調整，依照學期／每季／每月的時程制訂學習計畫。

　　我妹妹的女兒在上海的中學讀初二，她為自己寫的OKR如表6-2。

表6-2　年度學習的OKR

O：2020年考上一所好高中	
KR1	語文：每週讀兩篇古文，寫作一篇（600字）
KR2	數學：提前一週預習內容，預習完立刻做一份練習卷
KR3	英語：背中考單字以增加詞彙量，每週背300個單詞；加強文法，看文法書、影片，每週學兩個文法點
KR4	物理、化學：買輔助教材補強，每週做一份練習卷

用OKR追蹤學習進度

作為一種目標管理工具，OKR非常適合用來衡量目標的進展，管理學習進度，從而大大提升學習效率。

可以在家裡準備一個白板，如圖6-3所示，讓孩子將OKR寫在上面，每天用便利貼更新進度。可以累加積分或是累積「笑臉」，當達到一定數量後，就給孩子一個適當的獎勵，這樣可以對孩子有所激勵。定期陪孩子檢查目標進度，他們就會知道該如何選擇，是放棄努力，還是繼續堅持（如表6-3）。

圖6-3　OKR 白板

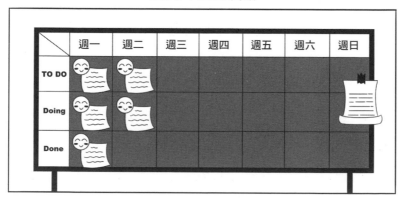

表6-3　OKR學習日報

每日更新			
我的學期OKR	ToDo（要做）	Doing（正在做）	Done（完成）
O：期末考試排名前10 KR1：加強語文古文，考試達到滿分 KR2：增加單字量，英語考試達到90分 KR3：加強數理化，平均成績提高5分	1.背誦古文《×××》 2.背誦10個英語單字 3.做一份化學試卷	撰寫一篇週記	1.完成一篇小作文 2.背誦10個單字詞 3.掌握了一個文法的運用 4.做了一份數學試卷

To Do，是指今天計畫要做的作業。可以利用放學後15分鐘的時間，計畫今天要完成的作業及要達到的目標。

Doing，表示這週需要做、還在做，但是沒有完成的作業。

Done，表示作業已經完成。可以對昨天的學習情況做總結，也可以回顧一下昨天的收穫，這是對所學知識的再鞏固。

透過將目標分解，並且視覺化地呈現出來，讓孩子知道自己的學習進況，他們才能掌握自己接下來的行動。

可以鼓勵孩子和我們一起說這三句話：

・昨天我完成了什麼作業？

・今天我要完成什麼作業？

・我遇到了什麼困難，需要哪些幫助？

以下是一位六年級女同學的日記，她媽媽是我在廈門的學員，同意我分享給大家。媽媽學了OKR後，回家也分享給女兒。

2019年11月11日　星期一／晴

OKR學習法

期中考試結束後，媽媽與我一同整理了學習方法，她也教我一個新的學習方法 —— OKR。

媽媽先帶我重新看了試卷上的問題，發現有幾個弱點：語文，閱讀測驗失分較多；數學，計算粗心；英語，閱讀理解不能完全讀懂。針對這些問題，媽媽教我OKR學習方法。

OKR是由兩部分組成的：目標（O，objectives）和關鍵結果（KR，key results）。目標是描述我們要做什麼，

關鍵結果是描述我們要如何做，以及如何驗證是否達成。

　　還有5W2H，這也是一種有效的科學思考方法。目標可以回答我們要做什麼（what），並且隱含了為什麼要做（why），這告訴了我們努力的方向和意義。關鍵結果可以回答我們要如何做（how），做到什麼程度（howmuch），並隱含誰去做（who）、什麼時間（when）和在哪個地方（where）做，這告訴了我們行動和驗證的方法。透過OKR，我們不僅可以有效地思考目標，還能更清楚地知道怎樣達到目標。

　　而我的O是：期末語數英三科取得全優成績。

　　KR1：語文，每天一篇閱讀理解，讀完三本書，提高語文閱讀部分的得分。

　　KR2：數學，每天一道計算題，整理錯誤本，提高計算準確率至100%並掌握概念。

　　KR3：英語，每天背五個單字、做一篇閱讀理解，提高單字量和閱讀成績。

　　「不積跬步，無以至千里；不積小流，無以成江海。」只要我們有踏實的態度和好的方法，還有堅持的決心，一定會有好成績。

培養孩子的毅力

　　萬海妍，一個來自北京的十一歲小女孩，在支付寶小程式「挑戰者」中一舉成名，還收到支付寶老闆的工作邀請：「阿里巴巴永遠為妳敞開大門。」

　　萬海妍很小的時候就對程式感興趣。為了培養孩子的興趣，母親為她買了很多書。在母親的支持下，萬海妍十歲立志要用程式改變世界，經常去圖書館查閱資料，還在網路上搜集程式設計的相關資訊。此外，媽媽還帶著她去深圳找程式設計貓創始人李天馳學JavaScript。

　　萬海妍學習程式設計的時間並不長，但她用一年多的時間就獲得了NOC程式設計貓創新程式設計全國決賽一等獎，還設計了超過十八個遊戲、創作了兩部近萬點擊率的小說。萬海妍未來想學人工智慧，利用人工智慧開發更多可以幫助人們的應用軟體。

　　萬海妍學習程式設計的過程，有著超強的毅力。OKR就是培養孩子毅力的「最強武器」。

▎聚焦目標

電影《愛麗絲夢遊仙境》中，有段非常經典的對話。愛麗絲問柴郡貓：「請你告訴我，我該走哪條路？」柴郡貓回答愛麗絲：「那要看妳想去哪裡。」愛麗絲說：「去哪無所謂。」柴郡貓回答：「那麼走哪條路也就無所謂了。」

有這樣一幅漫畫，一個人在挖井，這邊挖一下，那邊挖一下，最後一無所獲。其實有些地方，他只要堅持再多挖幾下就可以找到水了。這幅漫畫告訴我們，沒有毅力的人是很難成功的。「寧挖一口井，不挖十個坑」，想要得到一定的成果，並不是努力一下就行的，而是需要長時間的堅持。

華裔心理學家安琪拉・李・達克沃斯（Angela Lee Duckworth）在《恆毅力：人生成功的究極能力》（Grit: The Power of Passion and Perseverance）一書中表明，毅力是走向成功之門的鑰匙，可以引領孩子邁向成功。安琪拉曾當過一段時間的老師，她在那期間發現很多有天賦、智商高的孩子，最後的成就卻不如預期，後來她去研究才發

現，這些人之所以沒能達到預期的成就，原因就在於沒有毅力。

OKR是個聚焦目標的關鍵工具，要求把注意力放在最重要的目標上。在培養孩子的毅力時，我們要關注他們最重要的興趣上。很多家長為孩子報才藝班，今天學跳舞、明天學鋼琴、後天學程式設計，結果才藝沒養成，反而什麼都沒有學好。與其多挖幾個坑，倒不如專心挖一口井。透過OKR讓孩子專注地做一件感興趣的事情，然後進行自我管理，有利於培養孩子的毅力和專注力。

「吸引力法則」認為，當思想集中在某一領域時，跟該領域相關的人、事、物都會被吸引過來。其實，並非這些事物被吸引過來，而是當一個人專注於某一件事、聚焦於某一目標時，他就會格外留意與之相關的事，將很多事情與之相聯繫。

舉個例子，如果孩子專注於學鋼琴，他就會關注與之相關的一切，瞭解與之相關的知識、技巧、作品及出色的演奏家等。此外，孩子還可能結交到興趣相投的朋友，主動參加演奏會，閱讀與鋼琴有關的圖書、雜誌等。

當孩子在一件事情上養成專注力，就擁有了毅力。

▌刻意練習

阿廖欣是著名的世界盲棋冠軍，他7歲時開始學習下棋，後來在比賽的過程中發現對盲棋感興趣。為了提高自己下盲棋的技巧，他先把走法在紙上勾畫出來，使用草圖來思考最佳的走法，後來他可以擺脫草圖的侷限，憑記憶記住整盤局，並在腦中思考不同對弈時的不同走法。

阿廖欣透過刻意練習提高自己下盲棋的技能。刻意練習是美國心理學家艾利克森（Anders Ericsson）博士在《刻意練習：原創者全面解析，比天賦更關鍵的學習法》（Peak: Secrets from the New Science of Expertise）一書中提到的概念。所謂刻意練習，並非簡單的重複練習，而是突破舒適圈帶著明確目標的練習，並在此過程中得到及時的回饋。

如何讓孩子進行刻意練習，使孩子的亮點成為他的優勢呢？

第一，尋找榜樣，學習經驗。

幫助孩子尋找榜樣，確定一個優秀的人要具備哪些能

力。這其實就是為孩子設立具體形象的目標。例如，孩子喜歡彈鋼琴，我們可以讓孩子接觸鋼琴才藝班老師，多看一些優秀鋼琴家的演奏影片，幫助孩子樹立榜樣，學習他們成功的經驗。

第二，拆解任務，確定目標，制定OKR。

學習一項技能，培養一種優勢，需要付出極大的努力。而在努力的過程中，必須聚焦目標，才能知道該往什麼方向前進。例如，家長規定孩子每天練習彈鋼琴兩個小時，他們認為這就是目標，但若只是漫無目的地彈，不知道要學到何種程度，是很難有進步的。將目標定為「不彈漏任何一個音符」或者「掌握正確的指法」等，孩子就會知道該怎麼努力，要練習到什麼程度。

第三，得到及時、正確的回饋。

當孩子帶有目的地練習，並且得到老師或家長及時的回饋，才能知道自己的付出是否達到對應的效果，才能知道自己哪裡有所欠缺，該如何改進。這樣才能在之後的練習中避免發生同樣的錯誤。避免重蹈覆轍便是進步的開始。

舉個例子，孩子學習畫畫，我們可以把作品拍成影片

或照片，發到朋友群組、社群，給培訓班老師、朋友或專業人士點評，這樣就可以得到更多的回饋意見，然後製成下一週期的OKR，幫助孩子「有的放矢」地改進。

▌父母協助，量化回饋

在漫威電影《雷神索爾3：諸神黃昏》中，雷神索爾威力強大的錘子被他的反派姐姐「死亡女神」海拉所毀。索爾被姐姐的能力驚呆了，絕望地對父親奧丁說：「失去了錘子，我什麼都做不了。」他的父親此時開導他說：「孩子，你可是雷霆之神啊！你是錘子之神嗎？」聽到父親這樣說，索爾猛然清醒過來，他意識到自己並非因為錘子而強大，而是因為他有著能夠操控雷電的潛能。最終，索爾透過對雷電的掌控，成功阻擋「死亡女神」的攻擊，得以死裡逃生。

《雷神索爾3》告訴我們，在孩子的成長過程中，旁人的鼓勵和啟發對孩子的潛能發揮有非常重要的作用。

OKR不僅是一套目標管理工具和自我管理工具，還

是一套溝通工具。在孩子達成目標的過程中，需要父母的協助，當他遇到困難而一蹶不振時，父母可以透過有效的方法督促、激勵孩子繼續堅持。

此外，父母還可以幫助孩子找到同伴，共同學習。一個人的堅持是孤獨的，而一群人一起努力的力量卻是無窮的。

父母還要對孩子的表現給予適時適當的回饋。孩子的進步是一個由量變到質變的過程，而這個過程是不容易被人感知的，因此很容易令孩子因為看不到進步和成果而產生懈怠情緒。這時就需要家長給予及時的回饋，透過階段性的總結與檢討，讓孩子知道哪裡做得好、哪些地方做得不好、可以用哪些方式改進。

回饋，不能只是簡單地總結。「今天有進步喔。」、「表現得不錯。」這些都太曖昧了。我們需要回饋非常量化且具體的事情。例如，對孩子閱讀課外讀物的結果可以這樣說：這個月比上個月多讀了兩本，心得比上月多寫了兩篇。透過量化回饋結果，讓孩子切實感受到自己的進步，從而產生繼續堅持的信心。

建議大家利用SAID模式，給孩子他們想要的回饋。
SAID包括四個方面：

① S即specific，藉由某一具體事情告訴孩子哪些完成了、哪些沒有完成。

② A即ask，詢問孩子開放性的問題，與他們進行一對一的雙向溝通。

③ I即impact，表達孩子的學習對其他人和班級等的影響。

④ D即do，告訴孩子哪些行為該繼續、哪些行為該改變。

　　若要稱讚孩子，可以如圖6-4這麼說。左上是S，即量化具體回饋；右上是A，透過提問，讓孩子總結經驗；左下是I，告訴孩子繼續努力，未來會發生的積極影響；右下是D，告訴孩子之後也要重複做這樣的事情。

圖6-4　用SAID模式提問

激勵和獎勵相結合

對學習成果的定期回顧是激勵孩子堅持下去的重要動力。將目標拆解成階段性的小目標以及相關的關鍵結果，可以讓孩子自己對學習結果做檢討，總結出有哪些進步、有哪些不足，不足的原因又是什麼，是否需要做調整，以及需要家長或老師怎樣的配合才能幫助自己變得更好。

以下介紹一個非常簡單的檢討方法。

讓孩子試著對自己的每一個KR做評分：一百分表示

每一個KR都完成；七十分表示沒有100%完成，但是可以
接受；三十分表示這個KR徹底失敗。也可以用三種顏色
的磁鐵來表示完成情況 —— 綠色表示一切順利，黃色表
示進度延後，紅色表示沒有成功。

　　讓孩子自己在牆上或白板上標註進度。透過定期回
顧、檢討學習OKR，孩子會感受到自己的進步，從而產
生成就感，獲得一種內在的驅動力。這種驅動力是一種比
自動、自發更有內心力量的精神，能夠使孩子持續保持學
習的熱情。

　　驅動力除了來自學習成果帶給孩子內心的鼓勵外，還
有一部分是來自外部激勵，包括家長對孩子精神上的鼓勵
和物質上的獎勵。

　　透過對孩子的表現給予及時回饋，表達對孩子的肯定
與讚揚，讓孩子有繼續努力的動力。現實生活中，很多父
母擔心孩子驕傲而吝於給予讚美，其實這會使得孩子感受
不到被肯定而心生失望，也跟著失去繼續上進的動力。

　　所以，一定要適時給予孩子肯定及鼓勵，正面積極地
教育孩子。即便OKR的完成情形不佳，也不要責備孩
子，要用鼓勵的方式讓孩子自己解決問題。

　　此外，當孩子的學習達到一定的成果後，父母可以給予適當的獎勵，例如給一個孩子最想要的禮物，或帶孩子出門玩、帶孩子看電影等等。透過一定的物質獎勵和非物質獎勵，可以讓孩子暫時從學習中抽離出來，放鬆身心。

　　表6-4是一位學員五歲女兒為暑假訂的OKR，以及完成後會得到的獎勵。

表6-4　暑期OKR

O1：當個優秀寶寶	O2：養成學習英語的好習慣
KR1：30分鐘內吃完飯（獲得25分）	KR1：每天打卡學英語（獲得25分）
KR2：60分鐘內做好作業（獲得25分）	KR2：每天用點讀筆學兩本書（獲得25分）
獎品：一輛滑步車（生日禮物）	
條件：6／10至7／16積分滿3000分	

　　在培養孩子的毅力時，適當的獎勵是最好的外在動力，父母的正面回饋能夠強化孩子的成就感。

　　當孩子逐漸養成堅持的習慣，還怕孩子在其他事情上半途而廢嗎？

TIP

父母的禮物

物質禮物：生日禮物、旅行、學習用品。

非物質禮物：擁抱、微笑、親吻、讚美、寫信、留言、安
排娛樂時間。

爸媽是孩子最好的榜樣

　　白岩松是電視名嘴，他不但用詞犀利、觀點獨特，在
教養方面也有自己的一套方法，總結來說，就是言傳身
教。他從未刻意要求孩子讀書，但是每次孩子放學回家，
都看到爸爸在看書，於是也跟著愛上讀書。白岩松喜歡搖
滾樂，受他影響，孩子也喜歡搖滾樂，白岩松因勢利導，
給孩子指定任務，聽一首搖滾樂翻譯一首歌詞，因此孩子
在英語學習方面進步神速。白岩松從不限制孩子的愛好，
有段時間小朋友愛上讀武俠小說，他也不加干涉，孩子讀

完金庸小說後，對歷史產生興趣，又去找相關的書來看。

　　白岩松除了在喜好方面影響孩子，在其他方面也起著言傳身教的作用。每晚回家從電梯出來後，白岩松會順手按下「1F」鍵，方便其他人可以搭乘。後來白岩松發現，孩子也養成這樣的習慣，但他從未直接要求孩子「你要這樣做」的話。

　　「家長是一個潤物細無聲[4]的角色。」白岩松這樣說。

　　父母是孩子人生的第一個老師，一言一行都會對孩子有著潛移默化的影響。父母想要孩子有什麼樣的行為，自己得做出什麼樣的行動。父母可以使用OKR，成為孩子的好榜樣。

▌帶著孩子一起進步

　　在生命之初，每個孩子都是一張白紙，要給這些「白紙」畫上什麼顏色，有很大程度是取決於父母的教養方

4　形容教育者使受教者在潛移默化中接受薰陶、被影響。

式。孔子說：「欲教子，先正其身。」意思就是父母要教育孩子，必須先做好自己。

　　父母對孩子起著言傳身教的作用。正所謂上行下效，孩子會模仿父母的所有行為，因此教育孩子需要以身作則，率先示範。想要孩子怎麼做，父母就要先示範；想要孩子養成什麼樣的習慣，父母就要先有那樣的習慣；想要孩子有什麼樣的品格，父母就要具備這樣的品格。

　　然而很多父母成天玩手遊、上網，卻要求孩子按時完成作業，不能玩手機、不能看電視，把教養孩子的責任推給學校和補習班，在孩子成績不理想時，又責怪孩子不認真。其實孩子的表現與父母懶散態度有絕對的關係。

　　父母是孩子的榜樣，我們可以利用OKR「全家桶」帶領孩子一起進步。例如，想讓孩子養成讀書的習慣，就可以制定一個家庭OKR（如表6-5）。

表6-5　養成讀書習慣的OKR

O：養成讀書的好習慣	
KR1	每天親子閱讀30分鐘，交流心得
KR2	每週舉辦一次家庭讀書會

O：養成讀書的好習慣	
KR3	全家每月去兩次圖書館繪本館
KR4	每月與孩子共讀一本書，寫一篇讀書心得
KR5	每年參加一次大型書展

如果，我們想讓5歲的孩子學英語，同樣可以透過OKR「全家桶」讓孩子持續學習（如表6–6）。

表6-6　全家一起學英語的OKR

O：全家一起學英語	
KR1	每天與孩子一起打卡英語App課程
KR2	週末設置英語小遊戲，模擬各種情境，父母與孩子進行親子互動30分鐘
KR3	每月去一次英語角落，與孩子實地練習英語

將自己納入與孩子一起學習的體系中，更能帶動孩子的積極性。假如孩子在此過程中產生懈怠情緒，但是看到父母還在堅持著，那他們也會有繼續堅持的信心。（見圖6-5）

圖6-5　家長與孩子一起進步

▍成長型家長

泰國有部家庭勵志短片《豆芽引發的夢想》曾在網上
一度爆紅，短片講述一個小女孩的故事。小女孩和媽媽相
依為命，有次她們一起去菜市場，小女孩子盯著賣豆芽的
攤位問媽媽：「為什麼豆芽賣得這麼好？」媽媽回答：「因
為只有一個攤位在賣豆芽。」

小女孩產生了種豆芽的想法，媽媽說可以試一下。她
們連續試了兩次，結果都失敗。小女孩有些失落，但媽媽
鼓勵她不要氣餒，並且和小女孩一起尋找失敗的原因。她

們發現，原來是沒有按時澆水，豆芽才會枯死。於是她們換個方法又試了一次。

這一次終於成功了。

媽媽繼續引導小女孩：「要不要種點別的？」小女孩回答說：「我們試試。」

這是真實故事改編的短片，小女孩的原型是尼特納帕・薩勒（Netnapa Saelee），如今她已獲得生物學博士學位，在瑞典從事研究工作。因為母親的言傳身教，小女孩才具備願意嘗試、不怕困難的生活與學習態度，最終能夠學有所成。

美國卡羅爾・德韋克（Carol Dweck）博士在《心態致勝：全新成功心理學》（Mindset：The New Psychology of Success）一書中說，具有成長型思維的父母會在潛移默化中影響孩子，從而使得孩子各方面能力都提高。

學習是一輩子的事，與年齡無關，我們要做成長型父母，透過言傳身教，成為孩子學習時的好榜樣。

聚焦和協同是OKR的兩大利器。在教育孩子時，必須充分利用這兩點。透過聚焦孩子的目標，與孩子一起完

成各自的OKR。

　　當孩子在才藝班上課，家長不能參與時，多數人會玩手機來打發時間，其實家長可以利用這段時間去學點什麼，例如，用手機自學新語言、閱讀一本書，抑或去健身、學瑜伽。

　　有這樣一句話：一流的家長做榜樣，二流的家長做教練，三流的家長做保姆。榜樣的力量是無窮的，「言傳不如身教，身教不如境教」。想要教育好孩子，父母就要為孩子樹立榜樣，營造積極向上的學習氛圍，終身學習，成為成長型父母。

國家圖書館出版品預行編目資料

有效人生 OKR：無痛突破職涯瓶頸，掌握自我、夢
想、未來的最強工作術 / 姚瓊作. -- 初版. -- 臺北
市：三采文化，2021.09　面；　公分. -- (輕商
管；40)

ISBN 978-957-658-605-7（平裝）
1. 職場成功法 2. 目標管理

494.35　　　　　　　　110010364

suncolor
三采文化集團

輕商管 40

有效人生OKR

無痛突破職涯瓶頸，掌握自我、夢想、未來的最強工作術

作者｜ 姚瓊

副總編輯｜ 王曉雯　主編｜ 黃迺淳　文字編輯｜ 劉懷平

美術主編｜ 藍秀婷　封面設計｜ 李蕙雲　版權負責｜ 孔奕涵

內頁編排｜ 曾瓊慧　校對｜ 周貝桂

發行人｜ 張輝明　總編輯｜ 曾雅青　發行所｜ 三采文化股份有限公司
地址｜ 台北市內湖區瑞光路 513 巷 33 號 8 樓
傳訊｜ TEL:8797-1234　FAX:8797-1688　網址｜ www.suncolor.com.tw
郵政劃撥｜ 帳號：14319060　戶名：三采文化股份有限公司
本版發行｜ 2021 年 8 月 27 日　定價｜ NT$420

suncolor

suncolor